Nurhon Isaeva

CATALISADORES PARA HIDROTRATAMENTO DE FRACÇÕES PETROLÍFERAS

Nurhon Isaeva

CATALISADORES PARA HIDROTRATAMENTO DE FRACÇÕES PETROLÍFERAS

Panorâmica e novos desenvolvimentos

ScienciaScripts

Imprint

Cover image: www.ingimage.com

This book is a translation from the original published under ISBN 978-3-659-95847-2.

Publisher:
Sciencia Scripts
is a trademark of
Dodo Books Indian Ocean Ltd. and OmniScriptum S.R.L publishing group

120 High Road, East Finchley, London, N2 9ED, United Kingdom
Str. Armeneasca 28/1, office 1, Chisinau MD-2012, Republic of Moldova, Europe
Managing Directors: Ieva Konstantinova, Victoria Ursu
info@omniscriptum.com

Printed at: see last page
ISBN: 978-620-8-40647-9

Nurkhon ISAEVA

CATALISADORES PARA HIDROTRATAMENTO DE FRACÇÕES PETROLÍFERAS

(revisão e novos desenvolvimentos)

Monografia

Tashkent - 2024

UDC 541.183:661.183.2

Nurkhon Farhatovna Isayeva.
Catalisadores de hidrotratamento de fracções petrolíferas [Texto] / Isaeva N.F. -2024. - 160 c.

O livro apresenta a produção do catalisador de hidrotratamento do petróleo, o método de síntese do suporte de poros largos, as propriedades físico-químicas e outras do catalisador de hidrotratamento do petróleo, a produção e os processos tecnológicos inovadores desenvolvidos com base na investigação físico-química. São consideradas as regularidades e as dependências teóricas da interação dos sais de cobalto, níquel e molibdénio, os métodos da sua aplicação no suporte, os métodos de tratamento térmico, é proposta a tecnologia de obtenção do catalisador trimetálico de cobalto-níquel-molibdénio para o hidrotratamento de óleos.

O livro destina-se a técnicos científicos e de engenharia de centros científicos e de conceção, bem como a mestres universitários e doutorandos na área da catálise e da refinação do petróleo.

UDC 541.183:661.183.2

Revisor:

M.U.Karimov - *Professor, Diretor-Adjunto para a Ciência, Instituto de Investigação Química e Tecnológica*

Tashkent, 2024

Índice

INTRODUÇÃO ... 5

CAPÍTULO I. CATALISADORES PARA O HIDROTRATAMENTO DE FRACÇÕES PETROLÍFERAS ... 9

§1.1 Perspectivas de desenvolvimento dos processos de hidrogenação na indústria de refinação de petróleo do Usbequistão ... 9

§1.2 Formas de melhorar a qualidade dos óleos de base ... 15

§1.3 Síntese de suportes do catalisador de hidrotratamento ... 20

§1.4 Influência de vários factores na formação de estruturas cataliticamente activas ... 23

§1.5 Reatividade de catalisadores sulfidados na conversão de compostos de enxofre típicos em óleos ... 37

§1.6 Avaliação da atividade do catalisador ... 44

§1.7 Avaliação da qualidade e preparação das matérias-primas ... 47

CAPÍTULO II. TECNOLOGIAS DE SÍNTESE DE PORTADORES ... 56

§2.1 Formação e estudo de portadores com estrutura porosa bidispersa ... 56

§2.2 Propriedades de superfície dos portadores ... 71

CAPÍTULO III. PROPRIEDADES CATALÍTICAS DOS CATALISADORES TRIMETÁLICOS ... 79

§3.1 Graus de transformação de substâncias modelo em catalisadores ACNM em condições de baixa pressão de hidrogénio ... 79

§3.2 Relações entre a atividade de hidrogenação e de hidrogenação dos catalisadores e o número de estruturas IPM ... 92

CAPÍTULO IV. TECNOLOGIAS DE SÍNTESE DE CATALISADORES TRIMETÁLICOS ... 107

§4.1 Interações dos sais de cobalto, níquel e molibdénio com o veículo no processo de síntese do catalisador 107

§4.1.1 Síntese de catalisadores 107

§4.1.2 Estudo termográfico dos catalisadores 112

§4.1.3 Análise dos catalisadores por métodos espectrais 117

§4.1.4 Exame dos catalisadores por análise de fase de raios X 132

§4.2 Efeito do método de introdução dos componentes activos na estrutura dos centros activos 134

Conclusão 144

Lista das fontes utilizadas 146

INTRODUÇÃO

O aumento do volume de produção de produtos petrolíferos, a expansão da sua gama e a melhoria da sua qualidade são as principais tarefas que se colocam atualmente à indústria de refinação de petróleo. A solução destas tarefas em condições em que a percentagem de processamento de petróleo bruto com elevado teor de enxofre e de parafina está a aumentar continuamente, em que cada vez mais fracções pesadas estão envolvidas no processo de refinação, permitindo aumentar a profundidade da refinação de petróleo para aumentar o rendimento dos combustíveis com melhoria da sua qualidade, exigiu mudanças na tecnologia de refinação de petróleo e estimulou o aumento da capacidade dos processos de hidrogenação da refinação de petróleo, principalmente o hidrotratamento, o hidrotratamento e o hidrocraqueamento, que se espera que continuem no futuro próximo. Neste contexto, a fim de cumprir os requisitos ambientais, as questões do hidrotratamento profundo das fracções de petróleo através da utilização de novos catalisadores modernos e da melhoria dos processos tecnológicos tornaram-se cada vez mais prementes nos últimos anos.

A Refinaria de Fergana é a única empresa na Ásia Central que produz mais de 20 tipos de óleos para diversos fins, alguns dos quais são exportados. Atualmente, os óleos para motores produzidos por esta empresa cumprem a classificação do grupo I do ARI (American Petroleum Institute), ou seja, teor de enxofre inferior a 0,5%, hidrocarbonetos saturados inferiores a 90%, etc.

Ao mesmo tempo, o principal volume de óleos importados produzidos corresponde ao grupo II da ARI, em que o teor de enxofre e de hidrocarbonetos saturados deve ser <0,03 e >90% em peso, respetivamente.

Atualmente, no mundo, o volume de petróleo refinado é superior a 4,2 mil milhões de toneladas por ano. O volume dos processos de hidrotratamento representa 46% do volume total da refinação de petróleo, pelo que a procura de catalisadores de hidrotratamento no mundo está a aumentar de ano para ano[1]. Neste contexto, um dos problemas mais urgentes é o desenvolvimento de tecnologia para a obtenção de novos catalisadores de cobalto-níquel-molibdénio mais eficazes para o hidrotratamento de produtos petrolíferos e o estudo das suas caraterísticas de desempenho.

Atualmente, a principal tarefa da indústria de refinação de petróleo é satisfazer a procura de produtos petrolíferos, alargar a sua gama e melhorar a sua qualidade. A melhoria do desempenho dos produtos petrolíferos é efectuada principalmente com a ajuda do processo de hidrotratamento, pelo que são realizados trabalhos científicos destinados a desenvolver novas tecnologias para a obtenção de catalisadores de hidrodessulfurização.

Ao longo dos anos de independência da República do Uzbequistão, a indústria de refinação de petróleo alcançou alguns êxitos na reconstrução da produção, na melhoria dos processos tecnológicos e na produção de novos produtos. No entanto, não é dada atenção suficiente ao desenvolvimento de catalisadores nacionais baseados em matérias-primas locais. Uma das tarefas reflectidas nos documentos sobre a estratégia de ação para um maior desenvolvimento da República do Usbequistão é a "Criação de tecnologias para produtos que substituam as importações a partir de matérias-primas locais e recursos secundários"[2]. A organização da produção nacional de catalisador de hidrotratamento permitirá substituir o catalisador importado e poupar fundos significativos em divisas.

Neste contexto, o presente trabalho, que tem como objetivo o desenvolvimento de uma nova tecnologia nacional para a produção de catalisadores de hidrotratamento de petróleo, assume grande relevância.

A investigação científica sobre o desenvolvimento da tecnologia de obtenção de catalisadores para o hidrotratamento de fracções petrolíferas foi levada a cabo por cientistas como Startsev A.N., Nefedov B.K., Kogan L.O., Tomina N.N., Pimerzin A.A., Pashigreva A.V., Klimov O.V., Sidelkovskaya V.G., Eremina Yu, Pashigreva A.V., Klimov O.V., Sidelkovskaya V.G., Eremina Y.V., Surin S.A., Aliev R.R., Chukin G.D., BianchiniC., Topsoe H., Hughes R, ZhouL., Kaluza L., ZdraziL.M., Sultanov A.S., Yunusov M.P., Turabzhanov S.M., Saidakhmedov S.M. e outros.

Desenvolveram bases teóricas para a síntese de catalisadores para o hidrotratamento de gasolina, combustíveis diesel, óleos e camadas protectoras para estes processos. Apresentaram recomendações sobre a introdução de tecnologias modernas para a produção de catalisadores activos com elevadas propriedades económicas e tecnológicas. Em particular, recomenda-se a produção de uma nova direção de síntese de catalisadores para hidroprocessos sem um suporte, mostrando uma maior atividade devido à elevada dispersibilidade e concentração de componentes activos do catalisador.

Simultaneamente, está a ser realizada investigação científica para estudar a formação de estruturas activas de catalisadores, tendo em conta as especificidades da matéria-prima processada, bem como para desenvolver tecnologias altamente eficientes para a preparação de catalisadores eficazes para o hidrotratamento de produtos petrolíferos, com baixos custos energéticos e perdas de matérias-primas

CAPÍTULO I. CATALISADORES PARA O HIDROTRATAMENTO DE FRACÇÕES PETROLÍFERAS

§1.1 Perspectivas de desenvolvimento dos processos de hidrogenação na indústria de refinação de petróleo do Usbequistão

Os processos de hidrogenação catalítica são a base para a produção de muitos produtos petrolíferos comerciais [1; P.26-27]. Os problemas urgentes dos hidroprocessos na prática mundial são geralmente resolvidos através da construção de novas instalações que funcionam a alta pressão de hidrogénio. A indústria de refinação de petróleo do Uzbequistão também é confrontada com a tarefa de aprofundar a refinação de petróleo através da intensificação da produção, da reconstrução das instalações existentes, da expansão da gama e da qualidade dos produtos petrolíferos. Uma inovação no desenvolvimento de matéria-prima local com elevado teor de enxofre na refinaria de Fergana para a produção de óleos de petróleo com índice de viscosidade superior a 100 foi uma alteração no modo de hidrotratamento de óleos, reduzindo a pressão de funcionamento para 2,5 MPa de 3,8 MPa, típica da matéria-prima do petróleo da Sibéria Ocidental, conseguida devido à seleção bem sucedida e justificada da relação óleo: condensado de gás [2; P.39]. O aumento constante dos requisitos para os óleos técnicos e a tendência para o agravamento destes indicadores tornam necessário otimizar continuamente a tecnologia de produção para obter óleos de alta qualidade com base nos recursos naturais disponíveis, porque os óleos de base de alta qualidade são a base para uma gama promissora de produtos

[3; P.22-23]. Muitos países, incluindo a Rússia [4; P.34], já introduziram novas normas para os indicadores de qualidade dos óleos minerais de base de acordo com a classificação API [5; P.15]. A classificação API divide os óleos para motores em duas categorias: "S" - óleos para motores a gasolina e "C" - óleos para motores a gasóleo [6; P.138-139]. Os óleos de base, dependendo do índice de viscosidade, do grau de saturação dos hidrocarbonetos parafínicos-nafténicos e do teor de enxofre, estão subdivididos em 5 grupos. As novas normas e a crescente concorrência no mercado mundial estimulam, antes de mais, o desenvolvimento de novas tecnologias que alteram propositadamente a composição química dos óleos de base. A este respeito, os processos de desparafinagem e iso-desparafinagem são promissores [7; .124, 8; P.23, 9; P.59-60, 10; .7-8], que são objeto de uma investigação exaustiva [11; P.26-28, 12; P.8-10]. Na refinação de petróleo do mundo moderno, o problema mais urgente e complicado é a refinação (desmetalização, desasfaltamento e dessulfuração) e o processamento catalítico de resíduos de petróleo [13; P.579], em geral, nos últimos 20-25 anos, a produção mundial de óleos lubrificantes com base em processos de hidrogenação catalítica, incluindo o hidrotratamento e a desparafinagem catalítica e a hidroisomerização [14; P.17], aumentou mais de três vezes. De acordo com a previsão da Internet, Roteiro "Utilização das nanotecnologias nos processos catalíticos de refinação de petróleo". A partir de 30.10.2010, o papel dos hidroprocessos na obtenção de vários produtos petrolíferos só irá aumentar. A percentagem de hidroprocessos na estrutura tecnológica da produção nos EUA e no Japão é de 26 e 29,5 por cento, respetivamente. Na Rússia, 96,5% dos óleos de base são obtidos por extração, purificação e desparafinagem com solventes selectivos. A purificação das fracções de óleo por solventes selectivos é o principal processo da tecnologia de solventes da produção de óleo de petróleo. Destina-se à remoção de substâncias resinosas, hidrocarbonetos poliaromáticos, hidrocarbonetos naftenoaromáticos com cadeias laterais curtas, compostos contendo enxofre e organometálicos de destilados e desasfaltados de petróleo. No Uzbequistão, o fenol é utilizado como solvente para a purificação selectiva. O furfurol e a N-metilpirrolidona estão a tornar-se mais comuns [15; P.150]. Apesar do desenvolvimento de catalisadores de nova geração, da melhoria dos processos avançados de refinação de petróleo, incluindo o envolvimento de fracções secundárias de gasóleo na matéria-prima [16; P.3-4, 17; P.124-125, 17; P.4, 18; P.16, 19; P. 4-6, 20; P.18-20, 21; P. 26-38; 22; C. 199], até agora as unidades típicas G-24 e G-24/1 de muitas refinarias russas não estão equipadas com reactores de hidrotratamento modernos

Figura 1.1. Mercado mundial de catalisadores para processos
catalisadores para processos com as maiores

perspectivas de mercado

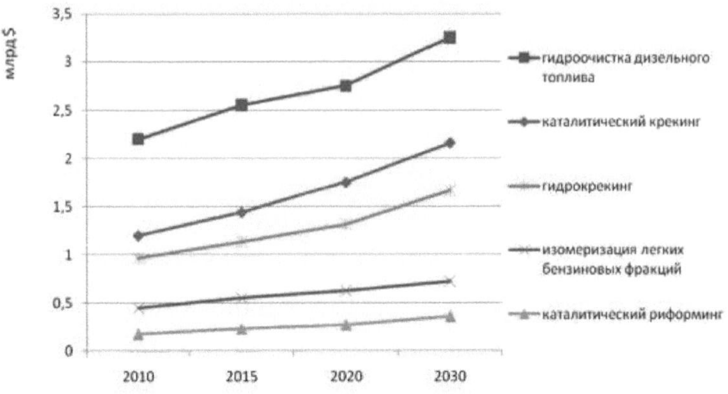

Uma situação semelhante desenvolveu-se no Uzbequistão [23; P.3-5, 24; P.71-73], embora a eficiência económica total da organização da produção de óleos e massas lubrificantes na Refinaria de Petróleo de Fergana, onde os óleos são o principal componente, para o período 1994-2002, tenha ascendido a 110 milhões de soums. [2; C.6]. A base material do processo de hidrotratamento de fracções pesadas de petróleo - matérias-primas para a produção de óleos de base, é representada por reactores desactualizados concebidos para baixa pressão de hidrogénio. Na refinaria de petróleo de Fergana, os óleos minerais são produzidos de acordo com o esquema tradicional: desasfaltamento (fração residual - areias betuminosas) [25; P.15], purificação de fenol, desparafinagem e hidrotratamento. O hidrotratamento num leito estacionário de catalisador de aluminocobalto-molibdénio (ACM) GO-70 é principalmente submetido à terceira fração do destilado de vácuo e do alcatrão de desasfaltamento. A fim de assegurar as propriedades exigidas de graus específicos, os óleos de base são preparados através da composição de óleos hidrogenados. O hidrotratamento melhora a qualidade dos óleos através dos principais indicadores: índice de viscosidade em 1-2 pontos, cor em 2-4 unidades. O CNT reduz a coqueificação em 0,05-0,15% e o teor de enxofre até 0,3-0,4% [26; C.15]. O grau de hidrogenação das substâncias organosulfuradas depende das matérias-primas processadas e é, em regra, de 30-40% [27; P.84]. A aplicação desta tecnologia permite obter óleos de base que cumprem os requisitos para óleos do grupo I de acordo com a classificação API. Se a qualidade do óleo de base não cumprir a norma, a composição do aditivo tem de ser alterada para se obterem óleos comerciais com os graus exigidos [28; C.37-39, 29; C.36, 30; C.23-24, 31; C.1, 32; C.33]. Os óleos de base do grupo II nos países da Europa Ocidental são produzidos no processo de hidrocracking, o que permite obter um baixo teor de enxofre e compostos aromáticos. A produção de óleos do grupo II na Rússia baseia-se numa combinação de hidrocraqueamento e processos de purificação selectiva. Os óleos dos grupos II e III não devem conter resinas, o teor de hidrocarbonetos aromáticos não deve exceder 1,5% em peso e o teor de enxofre deve ser inferior a 300 ppm.

Os óleos de base nacionais são significativamente inferiores aos análogos estrangeiros no índice de viscosidade em 20-40 pontos, no teor de enxofre - em dezenas de vezes e significativamente - na cor e na sua estabilidade e processo de armazenamento. Até certo ponto, a purificação fenólica ajuda a melhorar a situação, mas ao mesmo tempo, como é sabido, o rendimento das rafinadas diminui [28; P.38-39]. Só é possível resolver este problema radicalmente introduzindo o hidrocraqueamento ou combinando processos de desparafinagem parcial, hidrocraqueamento seletivo e hidrotratamento [33; P.27]. O processo de hidrocracking ocorre a uma pressão superior a 10 MPa e envolve na produção de hidrocarbonetos indesejáveis e componentes não hidrocarbonetos dos óleos desparafinados processados. O equipamento tecnológico para a produção de petróleo no Uzbequistão não foi concebido para funcionar a uma pressão de 10-15 MPa e não existem catalisadores nacionais para o hidrocracking em condições mais suaves. É de notar que a maior parte dos estudos efectuados no Uzbequistão, bem como noutros países, têm por objetivo aumentar o rendimento dos produtos petrolíferos leves [34; P.7-11, 35; P.30-32, 36; P.63, 37; P. 51-52, 38; 44-45, 39; C.28, 40; C.28-29, 41; C.33 42; C.26, 43; C.15-16, 44; C.16], como os produtos de base de grande capacidade mais procurados. Um número consideravelmente menor de trabalhos [29; C.34, 30; C.23,45; C.141, 46; C.11, 47; C.27-28, 48; C.18-19, 49; C.12-13], incluindo o desenvolvimento de sistemas de proteção catalítica [50; C.55, 51; C.1, 52; C.1, 53; C.1, 54; C.48-49], são dedicados às questões de melhoria dos indicadores técnicos e económicos da produção comercial de óleos.

Assim, para obter óleos comerciais que cumpram as normas internacionais, é necessário aumentar a profundidade da remoção dos componentes indesejáveis através da purificação selectiva e da fase subsequente de hidroprocessamento dos destilados de vácuo e dos resíduos desasfaltados. Isto permitirá recusar a importação de óleos de motor e lubrificantes, satisfazendo a procura dos consumidores do nosso país com produtos nacionais.

§1.2 Formas de melhorar a qualidade dos óleos de base

O processamento de fracções de petróleo pesado é determinado por condições específicas: composição química das matérias-primas de hidrocarbonetos [27; P. 84], nomenclatura dos produtos necessários e capacidades tecnológicas do equipamento. A República do Usbequistão possui reservas de óleos pesados de enxofre [55; P.63-64]. A análise dos principais componentes das matérias-primas petrolíferas produzidas no território do Uzbequistão [56; P.63-64, 57; P.59-60] mostra uma diferença significativa nas caraterísticas de viscosidade do petróleo bruto, bem como no teor de parafinas, substâncias resinosas de asfalteno e enxofre. A relação entre estes componentes e a composição do grupo de hidrocarbonetos determina em grande medida a escolha dos esquemas de refinação, tendo em conta as necessidades do mercado de produtos petrolíferos. A refinação de matérias-primas pesadas, orientada para o aumento do rendimento das fracções de combustível, requer catalisadores capazes de clivar ativamente as substâncias resinosas de asfalteno em produtos petrolíferos leves. Por isso, há uma busca constante por formas de intensificar os processos voltados para o aumento do rendimento e da qualidade das frações combustíveis [58; C.21-23, 59; C.13, 60; C.25]. Se o produto alvo for óleos, o problema de qualidade também pode ser resolvido por processos de hidrogenação. A sua diferença fundamental de todos os outros processos de produção de óleo consiste em fornecer a qualidade de óleo necessária não pela remoção de componentes de baixo valor ou prejudiciais, mas pela sua transformação química. Como resultado da hidrogenação profunda dos hidrocarbonetos aromáticos e da abertura parcial dos anéis nafténicos, os hidrocarbonetos parafínicos-nafténicos tornam-se os principais componentes das fracções de petróleo. Ao mesmo tempo, as fracções obtidas por hidrocraqueamento podem ser direcionadas para a produção de petróleo, contornando a fase de purificação selectiva [61; P.58-60].

Recentemente, foram introduzidos no estrangeiro uma série de novos processos catalíticos que permitem alterar as propriedades físicas e operacionais dos produtos petrolíferos na presença de hidrogénio: desparafinagem catalítica, hidro-isomerização, hidroalcoolização, hidroalquilação e outros [62; P.21, 63; P.3, 64; P.36-37]. A sua realização permite obter os produtos-alvo necessários com elevado rendimento praticamente a partir de qualquer matéria-prima petrolífera. Naturalmente, para este efeito, é necessário criar novos catalisadores específicos eficazes a baixas temperaturas e pressões.

Na obtenção de óleos, as propriedades decisivas dos catalisadores são a capacidade de descoloração e o aumento do índice de viscosidade, com alta resistência a metais pesados. Para escolher a tecnologia mais racional de purificação de destilados de petróleo [65; C.36, 66; C.22], proporcionando a obtenção de óleos com determinadas propriedades e rendimento máximo, é necessário ter uma ideia suficientemente completa da composição química das matérias-primas e das propriedades de grupos individuais de hidrocarbonetos incluídos nela. As caraterísticas operacionais mais importantes dos óleos de base dependem da sua composição química: viscosidade, índice de viscosidade, ponto de fluidez e outros. >Há muito tempo que se sabe que o índice de viscosidade dos hidrocarbonetos muda na seguinte série: n-alcanos> isoparafinas com ramos simples> isoparafinas com ramos múltiplos ≈ mononaftenos com cadeias laterais longasaromáticos monocíclicos com cadeias laterais longas aromáticos policíclicos ≈ naftenos policíclicos com múltiplas cadeias curtas ligadas. Assim, a qualidade da matéria-prima é largamente determinada pela proporção de hidrocarbonetos aromáticos policíclicos de índice elevado e de índice baixo.

Entre os componentes indesejáveis que requerem uma remoção obrigatória contam-se os asfaltenos residuais, as resinas, os compostos de enxofre e de azoto [61; P. 15-21]. A proporção destas classes de substâncias depende, em primeiro lugar, das propriedades do petróleo bruto e, em segundo lugar, do esquema do seu processamento. É económica e tecnicamente conveniente refinar para óleos os óleos em fracções pesadas dos quais prevalecem os componentes "desejáveis". Uma grande quantidade de substâncias resinosas-asfaltenos, hidrocarbonetos aromáticos policíclicos, compostos contendo enxofre e outros compostos hetero complica o processamento, contribui para o baixo rendimento dos produtos-alvo e, em muitos casos, não permite assegurar a qualidade desejada [61; P.10].

As condições do processo, nomeadamente a temperatura, a pressão, a taxa de alimentação da matéria-prima e a circulação do gás hidrogénio, têm uma influência decisiva na profundidade da conversão da matéria-prima de hidrocarbonetos e, consequentemente, no rendimento e na qualidade dos produtos-alvo. O hidrotratamento do gasóleo de vácuo que ferve até 500°C não é normalmente muito difícil. A uma pressão moderada de hidrogénio de 4-5 MPa, a uma temperatura de 360-410°C e a uma taxa de alimentação de matéria-prima de 1,0-1,5 h^{-1}, o grau de dessulfuração das fracções de óleo atinge normalmente 89-94%.

Ao mesmo tempo, o teor de azoto diminui em 20-35%, os metais - em 75-85%, os hidrocarbonetos aromáticos - em 10-12%. A uma pressão de 3,0 - 3,5 MPa estes índices são naturalmente mais baixos. [66; 128-129].

Algum efeito para a melhoria das caraterísticas de cor é dado pelo estreitamento da composição fraccionada dos destilados de óleo na utilização do esquema de purificação de duas colunas com fenol e furfurol [67; C.22-23, 68; C. 10]. A substituição do propano, no processo de desasfaltamento do alcatrão, por uma mistura ponderada de propano e butano permite variar de forma mais flexível as caraterísticas do desasfaltado para obter um óleo base de elevada viscosidade [25; P. 14].

Está estabelecido [28; P.37-39] que o nível necessário de qualidade do produto comercial só é alcançado quando se utiliza óleo de base de composição química óptima e composição equilibrada de aditivos de ação funcional. A condição principal para a intensificação da produção de óleo é a composição constante das matérias-primas. Sem a observância desta condição, nem a alteração dos regimes de processos tecnológicos nem a utilização de solventes eficazes permitirão obter óleos com a qualidade exigida. O óleo obtido a partir de matérias-primas de composição química pior contém menos componentes de índice elevado e mais resinas. Este facto aplica-se plenamente à refinaria de Fergana, que se caracteriza por fortes flutuações na composição química das matérias-primas. Em consequência, os óleos de base diferem significativamente nas suas propriedades e nem sempre satisfazem os critérios das normas internacionais [28; P. 38]. A utilização de aditivos tradicionais introduzidos nesta base não produziu os resultados esperados. E só a utilização do pacote de aditivos Lubrizol-4979 com ditiofosfato de zinco e Lubrizol-1395 em combinação com o aditivo Ferad, permitiu obter um óleo de motor com uma qualidade próxima do óleo preparado numa base mais purificada. Este método justifica-se quando a variabilidade da composição das matérias-primas e o teor insuficiente de hidrocarbonetos desejáveis para os óleos limitam a possibilidade de obter uma base de qualidade satisfatória.

Graças ao complexo de trabalhos efectuados na refinaria de petróleo de Fergana, foi eliminada a escassez de óleos, que tinha surgido quando os análogos estrangeiros eram demasiado caros. A produção de óleos de turbina, de fuso, de transformador, hidráulicos e de outros tipos foi organizada no Uzbequistão. No entanto, a qualidade instável das matérias-primas, o desgaste do equipamento e a utilização de catalisadores desactualizados, as propriedades operacionais e físico-químicas dos óleos de base nem sempre permitem satisfazer as exigências dos consumidores modernos.

O desenvolvimento de catalisadores de hidrotratamento de nova geração capazes de melhorar essencialmente as principais caraterísticas dos óleos de base a uma pressão de hidrogénio de 2,5-3,0 MPa é uma forma de resolver esta tarefa urgente sem a reconstrução essencial da unidade de hidrotratamento existente.

§1.3 Síntese de suportes do catalisador de hidrotratamento

Numerosos estudos estabeleceram há muito tempo os requisitos básicos para a textura dos suportes à base de hidróxido de alumínio para catalisadores de hidrotratamento de vários produtos petrolíferos. Os parâmetros específicos (tamanho dos poros, distribuição do raio dos poros, forma dos poros) são determinados pelas peculiaridades do processo catalítico. Em particular, o processamento de fracções de petróleo requer a presença de um número significativo de poros grandes, uma vez que o tamanho das moléculas processadas pode atingir vários nanómetros. O diâmetro dos poros não deve ser inferior ao tamanho das moléculas presentes no óleo, para que a passagem dos reagentes para o componente ativo do catalisador não seja dificultada [69; P. 155]. Tendo em conta os indicadores económicos, a possibilidade de ajustar de forma flexível a textura e a reatividade máxima dos hidróxidos de alumínio recém-precipitados, os fabricantes de catalisadores tentam organizar a cadeia do processo de forma a contornar a fase de secagem do precipitado de hidróxido de alumínio [70; P.53-54]. Através da combinação de hidróxidos de precipitação "quente" e "fria", foram criados suportes mecanicamente fortes com estrutura biporosa, necessários para a síntese de catalisadores para o hidrotratamento de matérias-primas com elevado ponto de ebulição. A tecnologia mencionada de produção de suportes porosos grosseiros foi dominada à escala industrial em empresas russas (Fábrica de Catalisadores e Síntese Orgânica de Angarsk). O papel das dimensões das partículas dos precipitados recentemente depositados e "envelhecidos" de algumas modificações do hidróxido de alumínio na formação da textura óptima dos suportes é considerado em pormenor nos trabalhos de A.A. Lamberov, O.V. Levin et al. [71; P.54-63; 72; P.153, 73; P.305-307].

Novos métodos fundamentais de ativação mecanoquímica e termoquímica para a produção de hidróxidos de alumínio homogéneos em fase foram desenvolvidos no Instituto de Catálise, Secção Siberiana da Academia Russa de Ciências [74; P. 761-762]. A enorme influência dos aditivos especiais [75; P.1, 76; P.1, 77, P.1, 78; P.1, 79; P.1] e das impurezas incluídas na composição das matérias-primas sobre as propriedades dos transportadores e catalisadores reflecte-se na literatura científica de patentes. Sidelkovskaya V.G. e co-autores [80; P.1417-1418] demonstraram que a adição de 25-50% de argila de Troshkov ao suporte é bastante aceitável na produção de catalisador ativo de aluminoníquel-molibdénio (ANM), uma vez que reduz o número de estruturas de espinélio não activas. Está provado que a formação de estruturas de polimolibdato pouco dispersas, incluindo iões de níquel e formações de silicato de níquel, reduz a atividade dos catalisadores. Os autores da patente [81; C.1] limitam o teor de minerais argilosos (caulino) no catalisador a apenas 12 %. O ciclo de trabalhos com o caulino de Angren [82; P. 942, 83; P.28-30] levou à conclusão da sua aptidão para a síntese de suportes para catalisadores de hidrodessulfurização do gasóleo e do gás natural. Dado que as argilas são aluminossilicatos naturais, propensos, em certas condições, à zeolitização, convém referir os trabalhos dedicados ao estudo da natureza da interação dos iões de níquel e molibdénio com suportes de natureza diferente, incluindo os que contêm silício sob a forma de aluminossilicatos amorfos [84; P.125, P.129, 85; P.57-58; 86; P.231-233] ou zeólitos. Os aditivos de silicatos permitem obter suportes com micro e mesoporos, na ausência de macroporos. Verificou-se que nos catalisadores contendo zeólitos há uma interação mais eficaz do níquel e do molibdénio com a formação de um grande número de associados níquel-molibdénio de composição estequiométrica diferente. Sugere-se que os centros ácidos do zeólito são os locais de localização dos associados de níquel-molibdénio.

O principal componente dos transportadores - o óxido de alumínio - também tem propriedades ácidas pronunciadas [84; P. 112-113]. Quaisquer aditivos, tais como compostos de boro [87; P. 349-353, 88; P. 152-154, 89; P. 523, 90; C. 83-85, 91; C. 544-545, 92; C. 258-257], flúor [93; P.298-299, 94; P.241], fósforo [95; P. 137-140, 96; P.169], bem como outros elementos ou as suas combinações, alterando o espetro das propriedades ácido-base, afectam certamente o processo de preparação do catalisador, deslocando o pH da solução de impregnação na zona de contacto com o suporte e podem alterar a estrutura dos centros activos e as propriedades catalíticas [87; 349-353]. Não existe consenso na literatura sobre o papel da acidez dos catalisadores. De algumas fontes bibliográficas sabe-se que em centros fortemente ácidos ocorrem mais intensamente processos indesejáveis de deposição de coque e craqueamento com quebra de ligações C - C, pelo que se dá preferência a amostras com acidez moderada. Os autores [97; P.492-493, 98; P.198], pelo contrário, consideram que os centros ácidos aumentam a capacidade de hidrogenação da fase ativa -

componente sulfureto de molibdénio - e quanto maior for a contribuição da "acidez" para a atividade hidrogenante total, menor será a atividade hidrogenante relativa. A fim de aumentar a acidez do catalisador, o suporte foi por vezes especialmente tratado com ácido bórico ou trifluoreto de boro, etc. [70; PP. 60-64, 99; PP. 3-4, 100; P. 76]. A literatura fornece informações sobre as alterações da morfologia e das propriedades ácido-base da superfície em várias fases da síntese de suportes de alumina e alumina-caulino com a utilização de vários ácidos

Assim, na síntese de suportes para catalisadores de hidrotratamento de petróleo, é necessário fornecer, em primeiro lugar, uma combinação óptima de micro e mesoporos, bem como a prevalência de centros ácidos de força moderada na superfície na gama de pK_a de - 5 a - 3.

§1.4 Influência de vários factores na formação de estruturas cataliticamente activas

A atividade e a seletividade do catalisador são determinadas principalmente pela sua composição química e de fase. Ao mesmo tempo, a composição da fase depende não só da natureza e da quantidade dos ingredientes introduzidos, mas também é largamente determinada pelo método de preparação [101; P. 44]. A análise da literatura científica e de patentes mostrou que as tecnologias modernas de preparação de catalisadores para hidroprocessos de refinação de produtos petrolíferos são bastante diversas [102; P. 4255-4257, 103]. 4255-4257, 103; PP. 504-506, 104; PP. 61, 105; 1254-1256, 106; C. 283-284] e reflectem as peculiaridades dos métodos desenvolvidos pelas empresas para regular estas ou aquelas propriedades físico-químicas e mecânicas dos transportadores e catalisadores. A conveniência da aplicação deste ou daquele catalisador e o método da sua produção é determinada pelos indicadores técnicos e económicos do processo em que é utilizado, bem como pelo nível de desenvolvimento tecnológico. °°Inicialmente, foram amplamente estudados os catalisadores maciços sintetizados por precipitação com solução concentrada de amoníaco a partir de uma solução mista de nitrato de níquel e paramolibdato de amónio a uma temperatura de cerca de 80 °C, seguida de moldagem e calcinação a 500 °C durante 4 horas. Até 80% de todos os catalisadores de óxidos, suportes de catalisadores e sorventes são obtidos por métodos de co-precipitação [101, P.46]. A vantagem essencial do método de co-precipitação é a possibilidade de variar a estrutura porosa dentro de limites alargados. As desvantagens incluem um grande consumo de reagentes e uma quantidade significativa de águas residuais, bem como o facto de as massas de contacto precipitadas reterem impurezas sob a forma de resíduos ácidos e produtos de hidrólise incompleta, que, por sua vez, podem ser venenos catalíticos.

Em seguida, foram investigados e introduzidos na indústria catalisadores mais activos e económicos de aluminocobalto-molibdénio (ACM) e aluminoníquel-molibdénio (ANM) sobre suportes. Nos trabalhos de Landau M.V. et al [107; P. 931-937] é demonstrado que, durante a co-precipitação a partir de soluções aquosas de sais de níquel, molibdénio e alumínio em meio ácido, se formam preferencialmente molibdatos binários $Ni_xMo_yO_z$, $AlMo_yO_z$ é possível a formação de molibdatos duplos de níquel e alumínio $Ni_{(x)}Al_yMoO_4$ ou heteropolimolibdatos de níquel $N_x[Al_yMo_zO_nH_m]$. Num meio alcalino, devido à natureza anfotérica dos iões de alumínio hidratados, estes últimos estão presentes como aniões do tipo $[Al(OH)^{(}{}_{3+x)}]^{x-}$. Por conseguinte, juntamente com o molibdato de níquel, é possível formar alumomolibdato de níquel do tipo $Ni(MoO_4)_{(x*)}(Al_2O_{(4))(y)}$ semelhante ao $NiMoO_{(4)}$, no qual parte dos aniões $[MoO_{(4)}]^{2-}$é isomorficamente substituída por aniões aluminato. Verificou-se que a formação de precipitado a um pH crescente se deve à formação de molibdonickelato de níquel pouco solúvel $Ni_x[Ni_{(7-)(x)}Mo_7O_y]$, como evidenciado pelo alargamento das bandas nos espectros Raman, em resultado da incorporação de Ni em polianiões de molibdénio, ou seja, a formação de molibdonickelato de níquel [108; P.936]. Deve notar-se que o método de espetroscopia Raman (especialmente em combinação com espectros electrónicos e de IV) é muito informativo para estudar o grau de polimerização de aniões molibdato tanto em solução como como parte de catalisadores sólidos [84; P. 141 - 153, 109; P. 263, 110; P. 1267].

A tecnologia de catalisadores através da aplicação do componente ativo ao suporte tem uma série de vantagens em comparação com outras: relativa simplicidade, menos resíduos nocivos, utilização mais eficiente da substância ativa. De acordo com o método de introdução de componentes activos Ni, Co, Mo no suporte, podem distinguir-se duas tecnologias fundamentalmente diferentes: impregnação de grânulos de suporte preparado com soluções de sais metálicos e mistura de sais metálicos com massa húmida de suporte ou do seu precursor com subsequente granulação da massa resultante, sendo a co-extrusão uma variante intermédia. A co-extrusão é utilizada quando é necessário introduzir na composição da massa do catalisador uma grande quantidade de compostos de difícil solubilidade, em especial o molibdénio [111; P. 179, 112; P. 186]

Por sua vez, o método de impregnação também é aplicado em diferentes variantes. A maioria dos investigadores prefere aplicar primeiro o sal de molibdénio, quer impregnando o γ-Al_2O_3 por absorção de humidade [111; P. 179, 113; P. 153] em 20-60 minutos, quer mantendo os grânulos de suporte em excesso de solução de para-molibdato de amónio durante muito tempo [114; P.456-457]. Após tratamento térmico adequado (a temperatura de calcinação pode variar entre 200°C e 600°C), o semi-produto obtido é impregnado com solução de nitrato de níquel ou de cobalto e novamente sujeito a secagem e calcinação final para obter catalisadores ANM ou ACM, respetivamente. Alguns autores consideram aconselhável depositar primeiro o níquel e depois o molibdénio após a calcinação intermédia para obter as estruturas mais activas. Em geral, é geralmente aceite que os catalisadores de impregnação são mais activos e estáveis do que os análogos co-precipitados. Comparando os métodos de impregnação, mistura e co-precipitação de catalisadores ANM, mostra-se que o transportador nos catalisadores de hidrotratamento desempenha não só o papel de um substrato sobre o qual se formam fases activas, mas também exibe atividade hidrodessulfurizante na reação de hidrogenólise de compostos de enxofre.

Numa tentativa de simplificar a tecnologia de preparação, os autores do artigo [115; P. 503.] aplicaram a impregnação de suportes com uma solução de amoníaco de uma mistura de sais de nitrato de níquel e para-molibdato de amónio. Devido à formação de amoniacatos de níquel e à boa solubilidade do para-molibdato de amónio no meio básico, foi possível depositar 4 % em peso de NiO e 14 % em peso de MoO_3 nos grânulos do suporte de alumina com a adição de aluminossilicatos amorfos e cristalinos. Foram obtidos bons resultados impregnação com uma solução conjunta de sais de cobalto (ou níquel) e para-molibdato de amónio [116; P. 947] estabilizada com ácido nítrico ou fosfórico [117; P. 444-445, 118; P. 921]. O ácido fosfórico na composição das soluções de impregnação, ao contrário do ácido nítrico, não é removido durante o tratamento térmico dos grânulos impregnados, mas permanece na composição do catalisador acabado e pode afetar a formação de centros activos. A influência do método de preparação e da concentração de fósforo [119; P.500-503, 120; P.105, P. 117-118, 121; P. 1423, 122; C. 374, P.380-381] como parte da forma de óxido dos catalisadores de hidroprocessos na sua atividade específica, incluindo para o processamento do depósito bruto "Maya" [123; PP. 10942-10944, 124; PP. 34-35]. Foi provado experimentalmente que o fósforo na composição dos catalisadores, dependendo da sua concentração e método de introdução, não só afecta a função de hidrogenodessulfurização e de hidrogenodessulfurização [125; P. 359-360], mas também contribui para a seletividade dos processos-alvo [126; P. 863]. Isto aplica-se não só a sistemas catalíticos em suportes normalmente utilizados, mas também a zeólitos [127; P. 3924], carbonetos [128; P. 239] e nitretos [129; P. 204-205] .

A formação de compostos complexos com metais de transição, especialmente em combinação com outros formadores de complexos inorgânicos [130; P. 81, 131; P. 136] e orgânicos [132; P. 173-175], como a ureia [133; P. 904, P. 906-907], é considerada uma das principais razões para o efeito positivo do ácido fosfórico ou dos seus derivados na atividade catalítica dos catalisadores de hidrotratamento do gasóleo. Os heteropoliácidos [134; P. 251, P. 255] e os seus sais são considerados precursores de fases activas. Na maioria das vezes, na síntese de catalisadores de hidrotratamento, os suportes são impregnados com compostos heteropolíticos baseados em heteropoliácidos da série 6 com estrutura de Anderson [135; P.254; 136; P. 620, 137; P. 146, 138; 113, 139; P. 25, 140; P. 93-94], muito menos frequentemente da série 12 com estrutura de Keggin [141; P. 56, 142; P. 58, 143; P. 92, 144; . 163]. conhecidos muitos trabalhos em que se tomam como base outros sais do tipo molibdocobalato [145; P.548-549], contendo principalmente o heteropoliânion $[Co_2Mo_{10}O_{38}H_4]^{6-}$ [146; P. 41-42, 147; P. 45-47, 148; P. 258]. Foi investigada a influência do rácio Co(Ni)/Mo em catalisadores obtidos através da fase de formação de heteropoliânions $[Co_2Mo_{10}O_{38}H_4]^{6-}$ utilizando diferentes agentes quelantes [149; P.69, 150; P.28].

Foi desenvolvida uma nova direção na síntese de catalisadores de hidrotratamento baseada na preparação preliminar de complexos de quelatos bimetálicos individuais com a sua subsequente deposição em suportes tradicionais [151; P. 5; 152; P. 509, 153; P. 279]. A especificidade da síntese destes catalisadores é a seleção do regime de tratamento térmico, que permite preservar os compostos complexos, até à fase de sulfidação da forma de óxido. Neste caso, a sulfidação é realizada preferencialmente com uma mistura de hidrogénio e sulfureto de hidrogénio. O agente quelante mais popular para este tipo de catalisador é o ácido cítrico, devido à sua disponibilidade comercial e ao seu pronunciado efeito positivo na atividade hidrodessulfurante 154; C.109; 155; C. 25-27, 156; C. 885-887, 157; C. 175-176]. A possibilidade de utilização conjunta de heteropoliácidos e ácido cítrico foi revelada [158; P.109, P. 112-114], de acordo com a espetroscopia Raman (espetroscopia Raman) a combinação de ácido orgânico e inorgânico na solução de impregnação reduz o grau de despolimerização dos heteropoliânions quando adsorvidos na superfície do transportador.

Várias publicações [117; P.446, 118; P.915, 160; P.55] são dedicadas à comparação da influência dos métodos de impregnação na uniformidade da distribuição dos metais hidrogenantes no volume dos grânulos e nas propriedades catalíticas dos catalisadores. É demonstrado que o catalisador de hidrotratamento ANM obtido por introdução sequencial de componentes activos é superior em atividade aos catalisadores obtidos por coprecipitação de componentes activos e hidrato de óxido de alumínio. Note-se que a deposição de molibdénio no suporte é um processo complexo, que consiste em pelo menos duas fases: 1-dissociação (ou associação) do paramolibdato de amónio após a sua dissolução em iões estruturalmente diferentes ($MoO^{2-}{}_4$, $Mo_4O_{(13)}(^{2-})$, $Mo_7O_{(24)}(^{2-})$, etc.) em função da concentração do sal e do pH do meio. 2-adsorção de estruturas de molibdatos com diferentes graus de associação ao portador.

Foi provado experimentalmente que o teor de molibdénio nos produtos intermédios aumenta com o aumento do tempo de impregnação e da concentração da solução de impregnação, e o grau de adsorção do sal de molibdénio no suporte tende para um determinado limite. Isto é causado pelo aumento do tamanho dos polianiões de molibdénio em solução com o aumento da concentração de sal na solução e a diminuição do pH. Por conseguinte, o molibdénio no catalisador está distribuído de forma desigual, estando a maior parte localizado na camada superficial do suporte. O aumento do raio médio dos poros que ocorre neste caso é explicado pelo preenchimento inicial de poros estreitos e, consequentemente, por um aumento correspondente na proporção de poros grandes

Um dos factores mais importantes que influenciam as caraterísticas dos catalisadores ANM é o método de deposição de níquel e molibdénio no suporte, em particular, a ordem de impregnação dos grânulos de Al_3O_3 com sais destes elementos. Através dos métodos de espetroscopia CR, espetroscopia de reflectância difusa de electrões (EDSR) e espetroscopia de fotoelectrões de raios X (XPS), demonstra-se que, durante a impregnação do suporte com uma mistura de sais, se forma uma quantidade relativamente maior de iões $Ni^{(2+)}$do que nas variantes de deposição em duas fases, cuja esfera ligante inclui iões O^{2-} ligados a iões de alumínio. Se o níquel for aplicado a uma superfície já revestida com compostos de molibdénio, a maior parte dos iões $Ni^{(2+)}$interage com os aniões Mo_4^{2-} já através do ligando de oxigénio para formar estruturas A1-O-Mo-Ni-O-Mo-O-O-A1

O estudo da natureza dos compostos hidrogenantes por métodos espectrais mostrou que, ao impregnar o suporte com sais metálicos hidrogenantes, formam-se principalmente poli-compostos superficiais de molibdénio com inclusão de níquel, que interagem fracamente com o suporte. A interação do molibdénio e do níquel com o suporte aumenta com o aumento da temperatura de calcinação

O método tecnologicamente atrativo de misturar hidróxido de alumínio húmido com soluções ou sais sólidos de todos os metais hidrogenantes é frequentemente utilizado na indústria. Este método, com diversas variações, foi discutido com algum pormenor em artigos e patentes [110; 1265-1266, 161; P. 1513-1514]. Uma mistura de sais sólidos contendo molibdénio e níquel (ou cobalto) é introduzida no hidróxido de alumínio, utilizando em alguns casos os ácidos nítrico ou fosfórico como peptídeos. Por vezes, um bolo húmido de hidróxido de alumínio recentemente precipitado é também misturado com uma solução quente de sais de níquel e molibdénio. Verificou-se que o MoO_3 numa quantidade até 8,6%, introduzido como paramolibdato de amónio, aumenta a área de superfície do catalisador em comparação com o γ-Al_2O_3, enquanto o NiO introduzido como nitrato de níquel, pelo contrário, a diminui ligeiramente

Foi também investigada a influência do tipo de portadora no grau de interação dos componentes activos entre si: foram comparadas amostras obtidas por mistura de soluções bimetálicas com bemitite [111; P.178-179], uma mistura de pseudobemite e gibbsite [110; 1264-1265, 112; P.190-193], bayerite e mesmo γ- Al_2O_3 [162; P183-185].

O principal problema da síntese de catalisadores ANM e ACM eficazes para a hidrogenação é a seleção de uma relação entre o conteúdo destes compostos com uma composição química fixa, que proporcione a atividade óptima dos produtos de sulfidação dos catalisadores nas reacções de hidrotratamento

Esta informação pode ser obtida através da remoção selectiva de compostos individuais ou grupos de compostos de componentes activos dos catalisadores ANM e subsequente comparação das propriedades catalíticas dos catalisadores iniciais e dos produtos de separação dos estados estruturais dos componentes Ni-Mo. Deve notar-se que o processo de extração foi realizado de diferentes formas [162; P.178-180., 111; P.178-181; 112; P.187]. O molibdénio foi extraído da composição do catalisador por imersão diária de 0,3 g da amostra em 30 ml de água [114; P.456-457.]

Em [162; P.178-180], uma suspensão de 2 g de catalisador foi vertida em 10 ml de água e mantida à temperatura ambiente durante 4 h; em seguida, a solução foi drenada e o catalisador foi calcinado. Em seguida, o mesmo procedimento foi repetido mais duas vezes com a mesma suspensão de catalisador e novas porções de solvente. Os 30 ml de solução resultantes foram evaporados, o extrato seco foi pesado e sujeito a um estudo posterior, e o catalisador foi calcinado a 823 K durante 4 h, repetindo-se depois a extração. A extração quádrupla da mesma suspensão de catalisador com calcinação intermédia permitiu extrair praticamente todo o material solúvel em água. °O tratamento múltiplo dos catalisadores ANM calcinados com água com calcinação intermédia ao ar a 550 C permite extrair do Ni neles contido e 10-50% do MoO_3, que após extração e cristalização é uma mistura de $NiMoO_4$, $Al_2(MoO_4)_3$ e MoO_3. A quantidade de Mo removida aumenta drasticamente com a extração aquosa de amoníaco em comparação com a extração aquosa, enquanto a quantidade de Ni removida se mantém essencialmente inalterada. Após a extração aquosa preliminar, o tratamento adicional dos catalisadores com solução de amoníaco 1 N resulta na remoção apenas de molibdénio.

As questões da otimização da estrutura porosa na síntese de catalisadores, juntamente com a distribuição dos componentes activos, são de importância primordial, pelo que têm recebido muita atenção na literatura desde há muitos anos [163; P.931-933, 164; 1399-1405,165; P.602-604, 166; P.53-54]. As condições de envelhecimento (tempo, pH, temperatura) e o tipo de líquido intermicelar também determinam a natureza da compactação (contração) dos géis e, consequentemente, a sua estrutura porosa. A substituição da água intercalar por metanol antes da secagem leva a uma perda de tensão superficial, o que impede a compressão do esqueleto e, consequentemente, a preservação do tamanho dos cristais e, consequentemente, dos poros entre eles. Por outro lado, a adição de aditivos formadores de poros de burnout, dependendo do seu tipo (cetonas, ésteres, polímeros solúveis em água, amido, etc.) e da sua quantidade, permite regular o volume dos poros (por exemplo, de 0,3 a 1,0 cm^3/g) e a distribuição do tamanho dos poros [167; P.44]. Isto é especialmente importante no desenvolvimento de catalisadores para a refinação de destilados pesados e matérias-primas residuais. A altas pressões, que são necessárias para atingir um grau profundo de hidrotratamento, a matéria-prima pesada condensa-se parcialmente, de modo que o processo de hidrotratamento ocorre no grão do catalisador parcialmente preenchido com a fase líquida. No trabalho de Smolikov et al. sobre o exemplo do catalisador $MoS_2/\gamma\text{-}Al_2O_3$, foi demonstrado que o carácter da microdistribuição do componente ativo no interior dos mesoporos é aproximadamente o mesmo, ou seja, a fase de sulfureto está distribuída por toda a gama de mesoporos presentes no suporte. A correspondência entre a macro e a microdistribuição deve-se ao facto de as condições da fase de impregnação, que promovem o espalhamento uniforme da frente de sorção sobre o grânulo de suporte, serem simultaneamente também as condições que asseguram a difusão e ancoragem do componente ativo em toda a gama de poros e, assim, proporcionam o alinhamento da microdistribuição heterogénea do centro ativo no catalisador [168; P.54-55]. Devido à necessidade de materiais de poros largos para a síntese de catalisadores modernos, foram desenvolvidas tecnologias especiais para a síntese de suportes mesoporosos: pseudobemite [169; P.276], óxido de alumínio [170; P.70-71, 171; 550-553] e aluminossilicatos do tipo Al-SBA-16 [172; P. 1-4]. Em suportes tradicionais de óxido de alumina, foi provado que, com o aumento do volume de poros grandes de 0,1 para 0,5 cm^3/g, o grau de utilização de grãos inteiros na hidrogenação de asfaltenos impuros aumenta de 0,16 para 0,5. No entanto, a taxa de reação de dessulfuração dos compostos de enxofre não associados mantém-se praticamente inalterada. O papel dos componentes activos na génese da estrutura porosa é claramente visto no exemplo da deposição de compostos de molibdénio e níquel. Nomeadamente, a diminuição do volume específico dos poros e da área superficial específica das amostras ANM, em comparação com o suporte original. O bloqueio dos poros mais pequenos por compostos de metal ativo é confirmado por dados de microscopia eletrónica.

O artigo de Lurie M.A. e co-autores [164; P.1400-1402] é dedicado às questões do hidrotratamento de matérias-primas de óleos pesados em catalisadores com diferentes estruturas porosas. Os suportes dos catalisadores foram preparados utilizando óxido de alumínio triturado ou aditivos de queima. O catalisador ANM no suporte ótimo tinha a seguinte distribuição do volume de poros por raios: 3-10 nm (0,21 cm^3/g); 10-100 nm (0,1 cm(^{3})/g) mais de 100 nm (0,08 cm^3/g). Concluiu-se, assim, que não existe correlação entre a atividade hidrogenodessulfurizante e o número de poros com raio inferior a 10 nm e comprovou-se a maior estabilidade dos catalisadores de grande porosidade no processo de dessulfuração de matérias-primas de óleos pesados, devido a uma utilização mais eficiente do componente ativo e do volume de reação.

Aceita-se considerar que a textura dos suportes (presença de um sistema desenvolvido de poros grandes de 6 a 10 nm para a hidrodessulfurização de fracções de gasóleo e mais de 10 nm para gasóleos de vácuo e óleos residuais, por um lado, determina a acessibilidade dos centros activos do catalisador a moléculas grandes, alquil dibenzotiofenos substituídos e substâncias resinosas de asfalteno, cujos tamanhos geométricos atingem de 70 a 100Å (de 7 a 10 nm) [66; P.79, 160; P.105]. Por outro lado, a deposição uniforme de altas concentrações de metais de transição do grupo VIII e VIB, da ordem de 6 átomos de molibdénio por nm^2, requer uma grande área de superfície específica (de 200 a 350 m^2/g) do suporte e, consequentemente, um sistema suficientemente desenvolvido de pequenos poros. Um compromisso possível para duas opiniões opostas sobre a questão da estrutura porosa foi a investigação e síntese de suportes com uma distribuição bimodal de poros numa gama bastante estreita de raios. Chukin G.D. três intervalos de raios de poros para investigação: 1-2nm (microporos), 2-5nm (poros de transição) e 5-10nm (mesoporos) [84; 100]. Foi provado experimentalmente que os poros até 2 nm são microfissuras nos bordos dos cristais primários de óxido de alumínio, e os poros com mais de 5 nm representam o espaço entre os cristais primários (poros secundários). Os poros destes grupos têm uma natureza e um mecanismo de alteração fundamentalmente diferentes durante o tratamento térmico, pelo que, para a síntese de portadores com uma determinada textura, as questões da síntese do hidróxido de alumínio inicial e das condições de calcinação para a transição de fase do hidróxido precursor para óxido de alumínio tornam-se cruciais [84; P.109, 160; P.28-87]. Por exemplo, [173; P.1765-1767], foi preparada uma amostra de suporte de óxido de alumínio com uma distribuição bimodal do tamanho dos poros (Deff.1 = 50Å e Deff.2 = 125Å). Os autores demonstraram uma maior atividade catalítica da amostra com distribuição bimodal da dimensão dos poros em comparação com a amostra industrial, mas a escolha dos valores dos diâmetros efectivos não é fundamentada nem teórica nem experimentalmente. Os suportes mais difundidos que possuem uma resistência mecânica suficientemente elevada para os reactores industriais modernos e a textura necessária são: óxido de alumínio [174; 1], óxido de alumínio modificado por aditivos de aluminossilicatos naturais ou sintéticos [175; 1, 176; C.1, 177; C.1], dióxido de titânio [178; C.1], boro [179; C.1, 180; C.1] e outros modificadores. De particular interesse são os suportes de carbono e os que contêm carbono [160; P.50-89, 181; P.858], que minimizar a interação dos componentes activos com o suporte emanter uma determinada relação Co/Mo ou Ni/Mo na forma sulfidada.

Da análise das fontes bibliográficas conclui-se que um dos métodos mais acessíveis para obter catalisadores duráveis com estrutura porosa bidispersa é a combinação de pó fino de hidróxido de alumínio com pó grosso de óxido de alumínio ou migalhas de catalisador ACM na massa de moldagem [182; P.1, 183; P.1,184; P.1]. Os catalisadores destinados ao processamento de matérias-primas residuais pesadas com elevado teor de enxofre são preferencialmente modificados com compostos de boro e fósforo [185; P.47-48, 62, 186; P.321, 187; P.153-155]

§1.5 Reatividade de catalisadores sulfidados na conversão de compostos de enxofre típicos em óleos

A escolha da composição dos catalisadores é determinada por muitos factores que os caracterizam positivamente, tanto do ponto de vista da sua estrutura eletrónica como das propriedades dos seus sais e compostos, que determinam tanto a possibilidade de fabrico das operações de criação de catalisadores como a aplicabilidade na prática do sistema catalítico criado. Um lugar especial é ocupado pelos estudos da forma sulfidada dos catalisadores e da fase de sulfitação da forma óxida dos metais activos. Há cerca de quarenta anos, na literatura, comparam-se diferentes modelos da fase ativa e discute-se a sua correspondência com factos experimentais [188; P.43, 189; P.395-398, 190; P.201-202]. Um dos primeiros modelos de fase ativa - "monocamada" - pressupunha a presença de um promotor no volume do portador. De acordo com este modelo, a atividade máxima é possuída pelos sulfuretos de molibdénio superficiais em diferentes coordenações, mas a atividade dos compostos promotores do tipo espinélio é baixa. Com o desenvolvimento de métodos físico-químicos para o estudo de catalisadores, incluindo in-situ [188; P.43], tornou-se possível estudar a química extremamente complexa dos catalisadores de sulfureto e, como consequência, foram considerados vários modelos da fase ativa. O modelo de pseudo-intercalação (introdução) envolve a decoração da fase sulfídrica por átomos promotores e aditivos modificadores [191; P.89-92, 192; P.217,221-224], o modelo de sinergismo de contacto ou controlo remoto, o modelo rib-rim e outros [188; P.43]. Um grupo de investigadores liderado por H.Topsoe desde os anos 80 [189; P.412-420, 190; P.199] dedicou-se ao estudo da morfologia e do papel das estruturas do tipo Co-Mo-S na atividade dos catalisadores de sulfureto [193; P.3-8, 194;34-36, 195; P.86-88, 196; P.195, P.202-203]. Verificou-se que o componente ativo dos catalisadores de Co(Ni)Mo(S)/Al_2O_3 são pequenos cristalitos de MoS_2, que são pequenos pacotes em camadas. Segundo os investigadores, os centros catalíticos mais activos são os átomos de Co(Ni) ligados por pontes de sulfureto à superfície do empacotamento em camadas de cristalitos de MoS_2, que designaram por "fase Co-Mo-S". De acordo com esta teoria, os centros activos estão localizados na superfície das arestas, contêm átomos de enxofre insaturados por coordenação e átomos de Mo. Em condições de reação, estas estruturas não são estáveis, o hidrogénio reage com o enxofre para formar centros insaturados de coordenação ou vacâncias aniónicas. Ou seja, os centros activos são vacâncias de sulfureto. No entanto, dos resultados de [197; P.519-521] resulta que os centros activos, para além das vacâncias de sulfureto, podem também ser totalmente coordenados com enxofre, cujas propriedades são semelhantes às dos centros metálicos. Embora se acreditasse inicialmente que, dependendo do tipo de interação com o portador, a fase Co-Mo-S, em que o sulfureto promotor decora os bordos do dissulfureto de molibdénio, pode ser realizada como uma estrutura do tipo I ou do tipo II com diferentes propriedades catalíticas, foi agora isolada uma fase do tipo III mais completamente sulfidada. N.Startsev e co-autores propuseram um modelo de composto bimetálico de sulfureto, que é uma variante do modelo "Co-Mo-S" aplicado a um suporte de carbono (sibunite) [160; C38-54]. No artigo de revisão de Kogan V.M. e co-autores [198; P.638-639] é assumido que a energia da ligação metal-enxofre na superfície do aglomerado de sulfureto depende do número de coordenação dos átomos de metal de superfície no enxofre e da posição do metal na Tabela Periódica. E a mobilidade do enxofre no catalisador sulfetado, segundo os autores, é um parâmetro chave que determina a atividade dos catalisadores na hidrodessulfurização e na hidrogenação. <+O estudo da influência da natureza do metal nas propriedades catalíticas dos catalisadores (sobre o mesmo suporte e igualmente sulfidados) na reação de conversão do tiofeno permitiu aos autores concluir que a produtividade dos centros activos aumenta na série Co (Co Ni) <Ni. Foi provado por método radioisotópico que os grupos SH das partículas de sulfureto de Ni apresentam maior reatividade na formação de H_2S na hidrogenólise do tiofeno do que grupos SH semelhantes, mas associados ao cobalto [198; P.655]. Do exposto decorre a importância da etapa tecnológica da sulfidação dos catalisadores de hidrotratamento, cuja principal tarefa é a conversão dos

precursores da fase ativa no estado de sulfureto. Existem diferentes variantes do processo de sulfidação, mas duas são fundamentalmente diferentes - fase líquida e fase gasosa. Para o método em fase líquida são utilizadas fracções de óleo leve com um teor de enxofre aumentado (devido ao agente sulfidante introduzido), e para a sulfidação em fase gasosa é utilizada uma mistura de sulfureto de hidrogénio com algum . Tuxen A. et al [199; P.349-351], com a ajuda de um complexo de métodos físico-químicos, demonstraram de forma convincente que na sulfidação em fase líquida há uma introdução de carbono na estrutura da fase ativa do dissulfureto de molibdénio. Isto leva a uma diminuição da atividade do catalisador e reduz a estabilidade da fase de sulfureto, pelo que a sulfidação em fase gasosa, especialmente num ambiente de gás inerte, é preferível para obter catalisadores mais activos na forma de sulfureto [200; P. 77-79].

De acordo com a opinião geralmente aceite [188; P.42], os compostos de enxofre alifáticos entram facilmente em reacções de hidrogenação na presença de hidrogénio e de um catalisador, neste caso a ligação C - S é quebrada homoliticamente, as valências livres são saturadas com hidrogénio. Todos os compostos de enxofre do óleo são condicionalmente divididos em mistura facilmente hidrogenada de sulfuretos alifáticos e cíclicos, hidrogenados a médio prazo - homólogos de tiofeno e benztiofeno, e, finalmente, a difícil hidrogenação incluem derivados de dibenzotiofeno. Verificou-se que, na composição dos compostos de enxofre aromáticos em fracções que fervem acima de 300°C, existem C_2-C_5 - benzotiofenos e dibenzotiofenos substituídos, dibenzotiofeno, 4-

metildibenzotiofeno e dimetildibenzotiofenos. Na revisão da literatura efectuada por Y. V. Yeremina. [131; P.76-89], os resultados dos estudos mostram que a introdução de um substituinte metilo no dibenzotiofeno reduz o grau de hidrogenação em 30% e a introdução de dois substituintes metilo reduz o grau de conversão em 80%. Daqui resulta que o principal fator que determina a profundidade da hidrogenodessulfurização não é o teor total de enxofre na matéria-prima, mas a concentração de compostos difíceis de hidrogenar. ≈A reatividade de certos grupos de compostos organossulfurados diminui na sequência seguinte: mercaptanos> dissulfuretos> sulfuretos tiofenos> tiofenos> benzotiofenos> dibenzotiofenos [188; P.42] Os compostos contendo enxofre à hidrogenólise aumentam com o aumento do número de anéis aromáticos e nafténicos na molécula. Se os grupos metilo não estiverem localizados na proximidade do átomo de enxofre, a reatividade desse composto organossulfurado aumenta em relação ao composto organossulfurado sem substituinte. Quando o substituinte está localizado próximo do átomo de enxofre, a reatividade diminui devido a efeitos estéricos. Embora o conhecimento da composição do grupo de compostos contendo enxofre da matéria-prima processada seja necessário para a seleção correta do catalisador, até agora a relação entre a composição dos compostos organossulfurados e a atividade catalítica é empírica. Os compostos da série do tiofeno encontram-se entre os compostos organossulfurados mais estáveis do petróleo, pelo que o tiofeno é frequentemente escolhido como substância modelo para estudos da atividade do catalisador. Foi dedicado um grande número de trabalhos científicos ao estudo do mecanismo de hidrogenólise do tiofeno [201; . 419, 202; P. 116-118, 203; P. 94-96, 204; P 34, 205; P. 61-62]. Foram discutidas na literatura três vias de reação de hidrogenólise do tiofeno: 1) desprendimento do átomo de enxofre com formação de sulfureto de hidrogénio e butadieno; 2) hidrogenação completa do anel de tiofeno com subsequente quebra das ligações C-S; 3) hidrogenação parcial do tiofeno, desprendimento do átomo de enxofre como sulfureto de hidrogénio, formação de butenos. Os produtos finais da interação são hidrocarbonetos saturados e H_2S. A formação de tetrahidrotiofeno foi encontrada como um produto intermediário pelo método ICS por vários autores quando MoS_3 foi usado como catalisador. A possibilidade de quebrar ligações C-S no tiofeno na presença de hidrogénio sem saturação de duas ligações duplas foi também considerada, a prova da realização desta variante é a presença de butadieno entre os produtos de conversão do tiofeno. O artigo [188; P.46] salienta a contribuição do trabalho de Torsoe no estudo das vias de reação (hidrogenação e hidrodessulfinação direta). Nos produtos da GDS dos benzotiofenos a elevada pressão de hidrogénio, para além do etilbenzeno, foi encontrado dihidrobenzotiofeno, pelo que se sugeriu que esta reação se processa sequencialmente através da formação de dihidrobenzotiofeno e etilbenzeno. Experimentalmente [188; P.46] foi comprovado um aumento da força de ligação na série 46-dimetildibenzotiofeno <4-metildibenzotiofeno <dibenzotiofeno <2,8-dimetildibenzotiofeno. Alguns investigadores atribuem a menor taxa de dessulfuração do 4,6-dimetildibenzotiofeno à fraca capacidade de adsorção da superfície do catalisador, enquanto outros a atribuem a impedimentos estéricos por parte dos grupos metilo. A partir da análise de numerosos trabalhos dedicados ao estabelecimento do mecanismo das reacções de hidrogenodessulfurização do tiofeno e dos seus derivados como os componentes heteroatómicos mais importantes das matérias-primas petrolíferas, chegou-se à conclusão da importância das fases e das vias de hidrogenação. Além disso, à medida que as moléculas se tornam mais complexas, ou seja, na transição do tiofeno para o benztiofeno, seus substitutos e, especialmente, para o 4,6-dialquildibenztiofeno, a etapa de hidrogenação na rota de "hidrodessulfurização direta" torna-se cada vez mais importante [188; P. 50]. De acordo com os resultados da análise da experiência de funcionamento dos catalisadores em diferentes tipos de matérias-primas, as transformações do dibenzotiofeno em catalisadores ACM ocorrem principalmente por uma reação rápida com quebra da ligação C-S. A hidrogenólise do dibenzotiofeno através das fases de hidrogenação do anel aromático (reacções lentas), juntamente com a fácil hidrodessulfurização do tiofeno e dos seus homólogos, ocorre preferencialmente em catalisadores ANM [206; P.298, 207; P.170,172, 208; P.1366-1367, 209; P.418-419]. Foi provado que, no caso de 4,6-dimetildibenzotiofenos e 4,6-dimetilbenzotiofenos impedidos espacialmente, quando os grupos metilo obscurecem fisicamente o átomo de enxofre do contacto com os centros activos na superfície do catalisador, a reação com a quebra da ligação C-S ocorre a uma taxa muito baixa. Por conseguinte, o catalisador ACM não é eficiente. No entanto, a hidrogenação do anel aromático, que permite que um dos grupos metilo se afaste do átomo de enxofre, seguida da quebra da ligação C-S, processa-se muito mais rapidamente.

Uma vez que esta sequência de reação é melhor catalisada pelo catalisador ANM, a sua utilização é mais eficiente do que a do ACM, desde que a pressão parcial de hidrogénio necessária para a etapa de hidrogenação seja adequada. Assim, tendo em conta que o consumo de hidrogénio calculado para a reação de hidrogenólise do dibenzotiofeno, dependendo da sequência de etapas, varia 3-5 vezes, então a seleção correta do sistema catalítico pode regular a necessidade de hidrogénio.

§1.6 Avaliação da atividade do catalisador

Ensaio da atividade do catalisador numa unidade de fluxo de alta pressão. O ensaio foi realizado com matérias-primas - III-fração de destilado de petróleo e resíduo desasfaltado. A secagem do catalisador é efectuada no reator. °°Para este efeito, o reator é aquecido numa corrente de hidrogénio até 200 C, com uma taxa de aumento de temperatura de 50 C/h, a uma pressão de 0,5 MPa durante as primeiras 10 horas, sendo depois aumentada para 1,5 MPa. A sulfidação do catalisador é efectuada por matérias-primas de acordo com um programa especial. °°No final da sulfidação a 280 C, a uma taxa de alimentação volumétrica de matérias-primas de 2 h-1, aumenta a temperatura para 330 C e a pressão para 3,0 MPa. Simultaneamente com o aumento da temperatura, a circulação do hidrogénio é aumentada até 300 $m^3/m^{(3)de}$ matéria-prima. Após a sulfuração, a taxa de alimentação volumétrica da matéria-prima é reduzida para 1,0h-1. Para avaliar a eficácia dos contactos testados nos parâmetros do processo de hidrotratamento do óleo, foram determinadas as seguintes caraterísticas principais: cor, viscosidade cinemática, índice de viscosidade, teor de enxofre, densidade, índice de refração, etc., de acordo com os GOSTs em vigor na Refinaria de Petróleo de Fergana.

°Os ensaios de atividade do catalisador realizados nas seguintes condições: Pressão de funcionamento, MPa - 3,0; Temperatura, C - 350; Taxa de alimentação da matéria-prima, h-1 - 1,0; Rácio H: matéria-prima, m^3/m^3 - 300; Duração da experiência, hora - 720; Frequência de amostragem do hidrogenisado, hora - 4,0.

O esquema da unidade é apresentado na Figura 1.2. O óleo da fração III do tanque de matéria-prima 4 é alimentado pela bomba 5 no reator 6, hidrogénio do cilindro 1, cuja pressão é mantida pelo medidor de fluxo de gás 2. O fluxo de matéria-prima gás-líquido passa através de uma camada de catalisador aquecido, onde lugar o processo de hidrotratamento. O fluxo gás-líquido do hidrogenisado passa então pelo arrefecedor 12 e entra no separador 16, onde o gás e o líquido são separados. O gás separado passa através de um contador de gás 15 e é depois neutralizado com uma solução alcalina. O produto tratado com hidrogénio entra no recipiente de receção 16.

As amostras selecionadas de hidrogenisato são lavadas com uma solução de hidróxido de sódio a 10% para remover o sulfureto de hidrogénio e, a partir de 3 amostras, faz-se uma média para a análise do teor de enxofre.

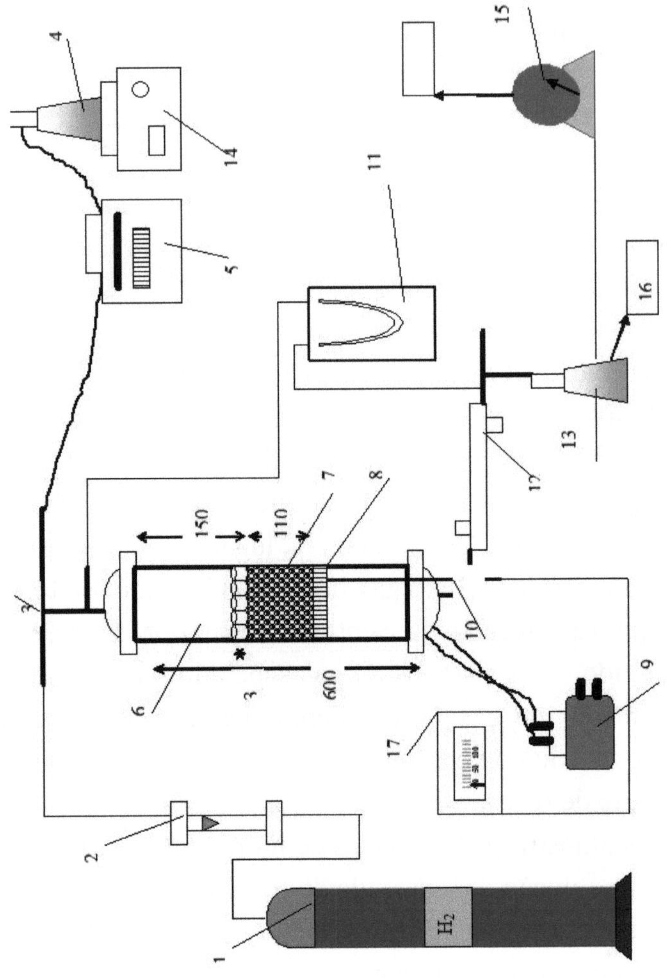

1-Cilindro de hidrogénio, 2-Rotómetro, 3-Misturador, 4-Capacidade para a matéria-prima, 5-Bomba peristáltica, 6-Reator, 7-Amostras de ensaio, 8-Reléctrodo, 9-Latre, 10-Termopar, 11-Manómetro, 12-Refrigerador, 13-Separador, 14-Agitador magnético, 15-Gasímetro, 16-Cuba recetora, 17-Milivoltímetro

Fig. 1.2 Esquema tecnológico da instalação piloto

Com base nos resultados da análise, determinar o grau de dessulfuração das matérias-primas e determinar a atividade do catalisador (em %) de acordo com a fórmula:

$$\frac{(V - V_1)X \bullet 0{,}0008 \bullet 100}{G} \quad X = ,$$

em que: V-volume de solução de ácido clorídrico normal exatamente 0,05 utilizado para a titulação na experiência de controlo, ml; V1-o mesmo na experiência-alvo, ml; 0,0008-quantidade de enxofre equivalente a 1 ml de solução de ácido clorídrico normal exatamente 0,05, g; G-suspensão do produto ensaiado, g; - X-conteúdo de enxofre total no produto analisado, %;

A atividade catalítica é calculada pela fórmula:

A = 100-X, em que A - atividade catalítica, %

A determinação do teor de compostos de enxofre no hidrogenisato foi determinada pelo método acelerado (GOST 1437-75). A essência do método consiste na combustão de uma amostra de produto petrolífero numa corrente de ar, na captura do enxofre e do dióxido de enxofre resultantes por uma solução de peróxido de hidrogénio com ácido sulfúrico e na titulação com soda cáustica.

§1.7 Avaliação da qualidade e preparação das matérias-primas

É sabido que os parâmetros mais importantes dos catalisadores e transportadores dependem diretamente das propriedades dos componentes iniciais, especialmente no caso de minerais naturais caracterizados por uma composição heterogénea. Por conseguinte, é dada uma atenção crescente à avaliação da qualidade das matérias-primas - uma condição necessária para a obtenção de suportes com caraterísticas físicas e químicas específicas.

Estudámos dois tipos de caulino. O caulino cinzento não enriquecido Angren (SK) é caracterizado por pequenas dimensões das partículas do mineral argiloso, pelo que as massas de moldagem são caracterizadas por uma boa plasticidade (Fig.1.3). A sua desvantagem é a presença de impurezas, principalmente ferro e grandes cristais de quartzo. O caulino branco enriquecido (AKF-78) contém mais óxido de alumínio, uma ordem de grandeza de impurezas menos nocivas, mas é constituído por partículas maiores, o que piora as condições de extrusão da massa moldante e afecta negativamente a resistência mecânica. A conformidade do caulino com os requisitos para utilização como componente de catalisador é determinada por peneiração húmida e seca, não sendo razoável utilizar fracções superiores a 0,2 mm. Os resíduos de produção de fibras "nitron" contêm na sua composição os seguintes grupos funcionais -NH_2, -COOH, -COONa, -CN, -ON, -$COOSH_3$. Para modificar o veículo, só é permitido utilizar matérias-primas com um teor mínimo de de sódio, cujo resíduo mineral não deve exceder 0,1 % em peso. O acetato de polivinilo é utilizado sob a forma de uma dispersão aquosa que não contém aditivos minerais.

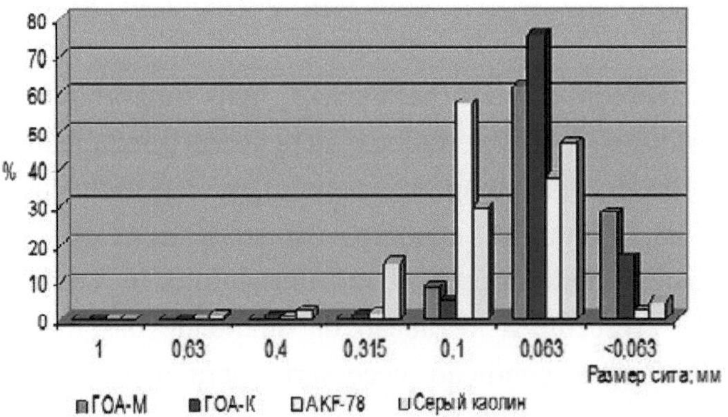

Fig.1.3 Resultados da análise granulométrica das amostras de hidróxido de alumínio e caulino

O maior componente em massa é o hidróxido de alumínio, que não é produzido no Uzbequistão [211; P. 122], pelo que para a síntese de catalisadores é necessário utilizar apenas produtos importados sob a forma de pó ou "bolos". Tendo em conta os indicadores económicos, a capacidade de ajustar de forma flexível a textura e a reatividade máxima dos hidróxidos recém-precipitados, os criadores e fabricantes de catalisadores tentam organizar a cadeia tecnológica, contornando a fase de secagem do precipitado de hidróxido de alumínio.

Os métodos de preparação de catalisadores de nova geração estão orientados para hidróxidos recém-precipitados com uma determinada morfologia e podem ser reproduzidos com grande dificuldade em hidróxidos de alumínio secos fornecidos por vários fabricantes. A textura e a composição das fases dos hidróxidos de alumínio são altamente lábeis e dependem das condições de transporte e da duração do armazenamento, pelo que a inspeção à entrada de matérias-primas importadas ou ilíquidas é de extrema importância. A modificação pseudobemítica (P/be) é a mais suscetível às influências ambientais. Para efeitos de seleção de matérias-primas, foram recolhidas amostras de hidróxidos de alumínio de potenciais fornecedores de armazéns em Tashkent e foram avaliadas as suas propriedades de consumo [212; P.28-30].

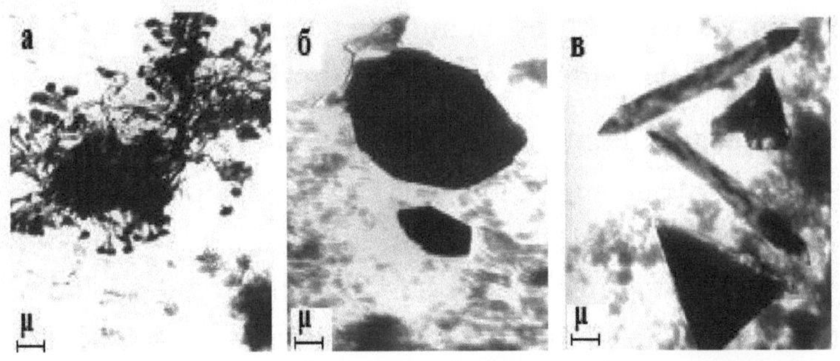

Fig. 1.4 Micrografias electrónicas de fragmentos de amostras de hidróxido de alumínio: a - pseudobemite fresca; b - amostra № 4 c - amostra n.º 6

Foi escolhida como referência uma amostra de pseudobemite em pó fresco (amostra n.º 1 na Tabela 1.1). Esta amostra caracteriza-se por: homogeneidade da composição das fases, elevada dispersibilidade e boa resistência mecânica dos grânulos; no entanto, a quantidade desta amostra não excede vários quilogramas. Na composição do pó de hidróxido de alumínio fresco, de acordo com a derivatografia e os dados ICS, estão adsorvidos iões NH4+ e NO3-, que estabilizam a modificação da pseudo-beamite. Verificou-se que, sob a influência de temperaturas elevadas no verão, os iões estabilizadores e a água entre camadas são facilmente removidos da composição do hidróxido de alumínio.

Chama a atenção o carácter ácido da suspensão aquosa do pó fresco, cujo valor de pH serve como primeiro teste da aptidão da matéria-prima para a moldagem por extrusão

Quadro 1.1.

Caraterísticas das amostras de hidróxido de alumínio estudadas

Parâmetros	**Números das amostras de hidróxido de alumínio**					
	№1	**№2**	**№3**	**№4**	**№5**	**№6**
Composição da fase (tamanho do cristal; nm)	P/be (1.5 - 3.0)	P/be (8.0)	P/be+ BE (10.0-25.0) e vestígios de BA	BE(20.0) BA(25.0-100.0)	BA(25.0) G(28.0 - 300.0) BE(20.0-100.0)	Γ > 100.0
pH da suspensão aquosa 1:50	4.1	4.3	4.4	5.7	5.9	7.5
Área de superfície específica; m^2/g	102.8	89.5	85.3	80.3	77.5	25.2
Perdas por ignição; %	40.1	37.8	32.6	27.3	6.49	7.76
Teor de NO_3^-; %.	0.37	0.15	0.05	0	0	0
Solubilidade em 5N H NO_3;%	70-73	68-72	60-65	45-56	22-38	10-12
Grânulos de óxido de alumínio com 5 mm de diâmetro (peptização a Mk= $5 \cdot 10^{-4}$)						
Resistência mecânica; kG/grão.	4.91	4.85	3.6	2.6	2.1	Não moldável
% de pellets rejeitados	< 1	2-3	5-8	10-13	20-30	

O pó fresco da amostra 1 do hidróxido de alumínio investigado é uma pseudobemita mal ocristalizada com tamanhos de cristal primário de 25-30Å (Tabela 1.1.1), estabilizada por iões nitrato, que causam uma diminuição do pH quando a amostra é suspensa em água. No microscópio eletrónico, a morfologia das amostras 1 e 2 pode ser vista como agregados de partículas densas com um diâmetro de cerca de 60Å e formações semelhantes a agulhas com um comprimento de 60Å, a mistura de fase amorfa (partículas inferiores a 30Å) aparece como agregados soltos com um tamanho de várias centenas de angstroms.

Com uma ampliação menor, observam-se fragmentos maiores e densos de forma irregular e partículas semelhantes a aglomerados abertos formados pelo mecanismo de agregação orientada de micropartículas primárias (Fig. 1.4 a). São estes intercrescimentos caraterísticos de micropartículas que são responsáveis pela formação da estrutura porosa primária do óxido de alumínio ativo

Distribuição típica de poros dos óxidos de alumínio com base nas amostras #1-2: mesoporos com raios de 37 a 93Å (máximo em torno de 50Å) ocupam um volume de 0,45 cm^3/g, existem também macroporos com raios 500-1500 e 1800-5000Å, com volumes de 0,02 e 0,08 cm^3/g, respetivamente. O estudo das propriedades da superfície revelou uma diminuição da concentração de centros ácidos fortes ($pK_{(a)} \leq$ -5,6), mais fracos ($pK_{(a)} \leq$ -3) e básicos com $pK_{(a)} \geq +9$ na amostra 2, comparativamente à #1. Durante o desenvolvimento de um suporte de alumina-caulinborato baseado numa amostra de pseudobemite semelhante para o catalisador ANM 2/5 [213; P.55,60.], provou-se necessário aumentar o módulo ácido (M_{k}) de $5\text{-}10^{(-4)}$ (ótimo para a peptização de hidróxido fresco) para $2 \div 3\text{-}10^{-3}$ g-mol HNO_3/g-mol $Al_2O_{(3)}$. Com o tempo, os processos de envelhecimento do pó aprofundam-se, à semelhança do envelhecimento dos precipitados no licor-mãe, embora fortemente retardado. O primeiro momento negativo que os tecnólogos enfrentam quando utilizam modificações cristalinas grandes de hidróxido de alumínio é uma clara diminuição da plasticidade da massa, a formação e o corte de pellets é difícil devido à separação do líquido quando a massa passa pela extrusora (Tabela 1.1). Para obter pellets de qualidade a partir das amostras n.º 2 e 3, é necessário aumentar o módulo de acidez.

As flutuações na composição das fases ocorrem mesmo dentro de um lote de matérias-primas. Assim, no DRX da amostra retirada do saco perto da parede do armazém, são detectados reflexos claros típicos da bayerite (BA) e da gibbsite (G), enquanto a composição de fases da amostra de pó da outra extremidade da mesma embalagem é representada principalmente por modificação bemítica (BE), com diferentes graus de oxidação. Ao observar a amostra 3 no microscópio eletrónico, registou-se o aparecimento de grandes agregados sob a forma de placas de 700-1000 Å, caraterísticos da bemitite (Fig. 1.4 b), e uma diminuição da proporção de formações de pseudobemite em forma de aglomerado (Fig. 1.4a). O diâmetro das partículas primárias aumentou para 70-130 Å. Além disso, registou-se o aparecimento de partículas triangulares individuais com tamanhos de $10^{4\div}10^{(5)}$ Å, caraterísticas da bayerite grosseiramente cristalina. As grandes formações predominam nas amostras nº 4-5 (Fig. 2.3 b), a pseudobemite não se encontra na sua composição e a amostra nº 6 é representada por gibbsite de grande cristalinidade (Fig. 1.4 c). Todas estas amostras não são passíveis de moldagem por extrusão com o módulo ácido ótimo anteriormente encontrado.

Com o objetivo de estimar expressamente a reatividade dos hidróxidos de alumínio, todas as amostras foram tratadas com soluções de ácido nítrico, variando o módulo de ácido de 0 a 5 g-mol HNO_3/g-mol $Al_{(2)}O_3$ na proporção de fase líquida e sólida 50:1 e a sua solubilidade foi determinada. Verificou-se que as amostras com morfologia intermédia entre a pseudobemite e a bemite cristalina são capazes de se desagregar em soluções de ácido nítrico [212; P. 27]. A melhoria da formabilidade da massa preparada a partir dos pós n.º 4 e n.º 5, com modificação predominantemente bemítica, com pH elevado da suspensão é conseguida quando o módulo ácido aumenta acima de $2\text{-}10^{-2}$ g-mol HNO_3 / g-mol Al_2O_3. Além disso, o transportador é dominado por poros com raio inferior a 30 Å, que são geralmente ineficientes em processos de hidrotratamento. Estes lotes de hidróxido de alumínio (№ 4-5) podem ser utilizados apenas como um aditivo (não mais de 20%) em mistura cuidadosa com pó com baixo pH de suspensão, e a peptização deve ser efectuada com módulo de ácido $4 \div 8\ 10^{-3}$.

Considerando que o tratamento ácido, mesmo com um módulo de cerca de cinco, não tem efeito apreciável sobre o tamanho e a forma dos cristais de bayerite e gibbsita de cristal grosseiro, é razoável rejeitar pós de hidróxido de alumínio com um pH de suspensão superior a 5,5 e solubilidade inferior a 30%, com um módulo ácido de 1,4 g-mol HNO_3 / g-mol Al_2O_3

Assimforam desenvolvidos os critérios de avaliação da qualidade do hidróxido de alumínio não líquido para uma utilização racional como componente do catalisador para o hidrotratamento de fracções petrolíferas

CAPÍTULO II. TECNOLOGIAS DE SÍNTESE DE PORTADORES

§2.1 Formação e investigação de transportadores com estrutura porosa bidispersa

Como se depreende da revisão da literatura, os catalisadores para o hidrotratamento de destilados de vácuo e resíduos de óleo desasfaltado requerem suportes que combinem resistência mecânica e um sistema desenvolvido de poros largos (tamanhos da ordem de 10÷40 nm) necessários para o funcionamento em reactores modernos. Por conseguinte, o objetivo principal desta parte da investigação é desenvolver um suporte com um sistema desenvolvido de poros largos para a síntese de catalisadores para o hidrotratamento de destilados petrolíferos altamente viscosos, necessário, antes de mais, para aumentar a vida útil. As amostras n.º 3 e n.º 5 (quadro 1.1), adquiridas em quantidade suficiente e designadas a seguir por GOA-M e GOA-K, respetivamente, foram selecionadas para o estudo e o desenvolvimento da preparação do suporte.

No processo de preparação das amostras apresentadas no quadro 2.1, foi revelado que o ácido nítrico é o melhor peptídeo para a preparação de grânulos de suporte mecanicamente fortes, enquanto o amoníaco é menos eficaz. Os grânulos de suporte que contêm GOA-M (com granulometria de 0,004 a 0,04 mm) e caulino cinzento (com granulometria de 0,004 a 0,04 mm) são superiores nas suas propriedades mecânicas às amostras obtidas com caulino branco enriquecido AKF-78 (com granulometria de 0,004 a 0,04 mm), mas significativamente inferiores em termos de porosidade. Com base no GOA-K de dispersão grosseira (granulometria de 0,04 a 0,1 mm), não é possível obter resultados satisfatórios através deste método. A introdução de ácido bórico na massa de moldagem é acompanhada por um aumento da resistência e uma diminuição da proporção de poros grandes. Tendo em conta a vasta aplicação de zeólitos para a síntese de catalisadores de hidroprocessos, tentámos introduzir alguns aluminossilicatos cristalinos no suporte desenvolvido.

Tabela 2.1.

Influência das condições de síntese nas caraterísticas físico-químicas dos transportadores

№	Componentes dos media		Resistência mecânica,		Resumido volume dos poros; cm^3/g
	Hidróxido de alumínio, %	Aditivo contendo silício, (%)	Esmagamento final, MPa	Capacidade de lavagem em 15 minutos, %	
1	GOA-M	0	1,5	6,38	0,65
2	GOA-K	0	Não moldável		0,60
3	GOA-M	AKF-78 (20)	1,4	4,85	0,54
4	GOA-M	Caulino cinzento (10)	1,7	6,54	0,50
5	GOA-K	Caulino cinzento (20)	1,8	6,35	0,43
6	GOA-M	AKF-78 (10)	1,6	5,51	0,56
7	GOA-M	Zeólito NaX	0,8	12,8	0,60

8	GOA-M	Argila zeolitizada	1,2		0,64

A introdução de pó de NaX triturado da amostra n.º 7 na composição do suporte reduz a resistência à abrasão dos suportes. A massa gelatinosa formada em condições controladas de síntese da argila zeolitizada, pelo contrário, endurece os grânulos e aumenta o volume total dos poros [214; P.83, 215; P.226]. Com base nos resultados da adsorção de grandes moléculas de teste [210; P. 75, 216; P. 71], concluiu-se que os poros pequenos predominam na estrutura porosa dos transportadores apresentados na Tabela 2.1. A regulação das caraterísticas porosas foi efectuada com recurso à peptização com ácido nítrico e a um conjunto de técnicas tecnológicas e aditivos que afectam especificamente a textura dos sistemas de óxido de alumina (Tabela 2.2). No quadro 2.2 e a seguir são adoptadas as seguintes designações GOA-K- hidróxido de alumínio de cristalização grosseira (bemite com tamanhos de cristais superiores a 70Å com mistura de bayerite e gibbsite); GOA-M - com tamanhos de cristais inferiores a 60Å); AGOA-K - hidróxido de alumínio de cristalização fina (mistura de pseudobemite e bemite com amoníaco ativado seca a 250°C GOA-K; AGOA-M - ativado por amoníaco e calcinado a 550-600°C; PVA - acetato de polivinilo; K-9 - polielectrólito (resíduos da produção de fibras de nitrogénio); AOA-K - óxido de alumínio obtido por calcinação de AGOA-K ativado por amoníaco; AOA-M - óxido de alumínio obtido por calcinação de AGOA-M ativado por amoníaco. O suporte à base de AGOA-M, contendo 10% de caulino, preparado por peptização da massa de moldagem com ácido nítrico sem modificadores, tinha uma superfície específica de 231 m^2/g. O volume de poros em cm^3/g (indicado entre parêntesis) com diferentes raios (em nm) foi o seguinte <5(0,48); 40-60(0,18); 80-150(0,03); > 250(0,01) [217; P. 144, 216; P. 44]

A modificação da massa de moldagem na obtenção do suporte de alumina-caulinborato com base no GOA-M por vários aditivos de queima (amostras nº 1-4 na Tabela 2.2), não levou a uma mudança significativa na proporção de poros grandes e pequenos, em contraste com o trabalho [219; P. 48-52], onde foi utilizado hidróxido de alumínio, próximo em propriedades da amostra nº 2 (Tabela 1.1).

Tabela 2.2.

Физико-химические характеристики образцов носителей с фиксированным содержанием каолина AKF-78 (10 %) и бора (2,5 %)

№	Компоненты носителя	Модифи-катор	Пептизация; моль HNO_3 на моль Al_2O_3	Механическая прочность		Пористая структура			
				Раздав-ливание; Кг/гран	Раскол; кГ/мм	Истирае-мость за 15 мин; %	Общий объем; $см^3/г$	Эффектив-ный радиус пор; Å	Доля крупных пор; %
1	ГОА-М		0,012	1,9	2,32	10,82	0,76	4,2	3,2
2	ГОА-М	ПВА	0,051	2,9	3,78	8,23	0,44	3,8	7,8
3	ГОА-М (АКНМ-4/16)	К-9	0,061	2.1	2,80	8,11	0,47	3,9	4,9
4	ГОА-М	ПЭПА	0,052	2,2	2,72	8,13	0,50	3,5	4,4
5	ГОА-М+ГОА-К(40%)	ПВА	0,052	2,1	2,13	9,36	0,90	4,8	8,3
6	ГОА-М +ГОА-К (40%)	ПЭПА	0,050	1,8	1,61	10,05	0,83	4,6	8,4
7	ГОА-М +ГОА-К (40%)	К-9	0,030	2,2	2,10	9,52	0,73	4,9	8,7
8	ГОА-М +АГОА-К (40%)	К-9	0,020	2,1	2,44	8,88	0,67	5,3	8,9
9	ГОА-М + фракция АОА-К (10%)	ПЭПА	0,008	3,1	3,14	9,63	0,70	6,4	31,7
10	ГОА-М + АОА-М (10%)	-	0,009	3,0	2,93	9,82	0,68	6,2	20,3
11	АГОА-М + ГОА-К (40%)	-	0,012	2,8	3,12	8,01	0,72	4,2	13,8
12	ГОА-М+ АГОА-К (40%)	-	0,014	3,0	3,15	9,06	0,68	6,1	14,6
13	№9 с окунанием раствор ПЭПА+этанол+вода		0,008	3,2	4,23	9,02	0,58	7,3	31,7
14	№9 с окунанием раствор МДЭА + вода		0,008	3,1	4,15	9,41	0,63	7,1	35,8

Ao modificar uma mistura de GOA-M e caulino AKF-78 com o polielectrólito K-9 (um produto residual da produção de fibras de nitrogénio), obteve-se um forte portador n.º 3 (quadro 2.2), com uma proporção aumentada mas ainda insuficiente de poros grandes. Com base nele, foi obtida uma amostra do catalisador trimetálico AKNM-4/16 para testes posteriores [220; P. 66]. Foram obtidos resultados semelhantes quando se modificou a massa de moldagem com resíduos de acetato de polivinilo e poliamina de polietileno. A estrutura, a dimensão e as propriedades dos centros cataliticamente activos formados por compostos de metais de transição em suportes são largamente determinadas pela textura do hidróxido inicial, que por sua vez depende da sua pré-história. A nossa tentativa de conceber um suporte com a textura desejada, misturando GOA-K hidroliticamente estável e GOA-M de cristalização fina, conduziu apenas a um ligeiro aumento da proporção de poros grandes, com uma resistência mecânica satisfatória (amostras 5-7, quadro 3.2) [211; P.123]. Verificou-se que, para o hidróxido de alumínio cristalino fino industrial (GOA-M), a concentração óptima de ácido nítrico a 6% proporciona um pH em massa de cerca de 4,0. Nestas condições, forma-se uma quantidade suficiente de compostos hidroxilados de alumínio, causando fortes contactos entre as partículas durante a calcinação. Reduzir o pH ≤ 3 da massa de moldagem GOA-K não deu os resultados desejados, mesmo em termos de resistência mecânica, devido à baixa solubilidade dos grandes cristais de bemite, bayerite e gibsite e, consequentemente, à falta de efeito de peptização. Ao tratar com ácido nítrico não toda a mistura de moldagem, mas separadamente o GOA-M, seguido da introdução de caulino e GOA-K a pH=4,0-3,5, o efeito da ligação de partículas de hidróxido de alumínio de diferentes tamanhos é plenamente realizado. A percentagem de poros desejáveis das amostras da série, estimada pela adsorção de substâncias resinosas-asfalteno, aumenta até 8,7 % (amostra n.º 7, Tabela 2.2). Com base no veículo n.º 7, foi sintetizado e testado o catalisador de amostra AKNM-4/11 [221; P.195]. O suporte n.º 8, muito promissor para catalisadores de hidrotratamento, foi obtido através da introdução de 10 % da fração de óxido de alumínio disperso em grão (0,1-0,06 mm) em GOA-M cristalino fino, pré-peptizado com ácido nítrico, à semelhança da introdução de um suporte de óxido de alumina usado disperso em grão [218; P.44, 222; P.23]. A fração de AOA-M de dispersão grosseira foi preparada por moagem e peneiração, extrudados obtidos a partir da massa de AOA-M misturada com água e calcinada a 600°C. A textura e a reatividade dos pós disponíveis de hidróxidos de alumínio industriais foram também alteradas por ação termoquímica de soluções aquosas de amoníaco (AGOA), de acordo com a tecnologia próxima da ativação do pó de pseudobemite (amostra n.º 1 no Quadro 1.1) [223; P.10]. A uma concentração de 0,1-1,0%, o amoníaco actua apenas como um peptisante que melhora as condições de moldagem e aumenta a resistência mecânica dos grânulos à base de AGOA-M. Neste caso, não se regista qualquer alteração óbvia na composição das fases, na estrutura porosa e nas propriedades da superfície do óxido de alumínio obtido.

As soluções concentradas de amoníaco em água, devido às propriedades básicas expressas, influenciam ativamente a estrutura das camadas superficiais das partículas de hidróxido de alumínio que possuem anfotericidade. Isto é especialmente pronunciado na interação de 15-25% de NH_4OH com a pseudobemite da amostra n.º 1 (Tabela 1.1), quando se observa um aumento do volume de macroporos com um raio de vários milhares de angstroms, enquanto a superfície específica do portador diminui monotonicamente de 300 (amostra calcinada n.º 1) para 200 (amostra calcinada activada com amoníaco n.º 1) m^2/g

A amostra GOA-M está mais próxima da bemite do que da pseudobemite pelos parâmetros de raios X (Fig. 2.1). A presença nos difractogramas de máximos de difração claros de modificações cristalinas grandes indica inequivocamente uma grande proporção de trihidróxidos de alumínio - bayerite (d = 4,71; 4,37; 3,21; 2,224 Å) e gibbsite (com d = 4,83; 4,35; 4,28; 3,31; 3,16; 2,43; 2,37 Å). Os trihidróxidos de grande cristalinidade são particularmente pronunciados na amostra GOA-K. Aparentemente, esta marca de hidróxido é mais difícil de ser exposta a uma solução concentrada de amoníaco (Fig. 2.2), uma vez que todos os máximos de difração das modificações cristalinas grandes são preservados no padrão de difração de raios X, enquanto a intensidade das linhas das impurezas bayerite e gibbsite aumenta ligeiramente. Um halo moderadamente intenso no difractograma causado pela formação de uma nova fase amorfa indica que a interação do hidróxido de alumínio GOA-M com a solução concentrada de amoníaco não se limita à superfície da partícula. A amorfização estende-se, pelo menos, às camadas próximas da superfície da rede cristalina da bemite fracamente oxidada. A alteração da dispersibilidade do sistema é também evidenciada por uma ligeira diminuição do volume dos mesoporos de 0,40 para 0,32 g/cm^3. $^{+} + \ + \leftrightarrow {}^{+} + {}^{+} + {}^{+} +$ Dependendo do pH do meio e do grau de oxidação da bemite anfotérica, ocorrem as reacções AlO$^{(}$OH) + NH$_4$ OH$^{(-)}$ $^{H}{}_2$O NH$_{(4)}$Al(OH)$^{(}{}_{4)}{}^{(-)}$) e AlO$^{(}$OH) + 2NH$^{(}{}_{4)}$ + 2OH$^{(-)}$ $^{H}{}_2$O $\leftrightarrow$ 2NH$^{(}{}_{4)}$ Al(OH$_{)(5)(}{}^{2-}$). O pH da massa GOA-M muda de 12,6 para 12,0 durante o tratamento com solução de amoníaco. Isto deve-se às propriedades básicas não muito fortes do amoníaco e ao aumento da cristalinidade da bemite, em comparação com a pseudobemite

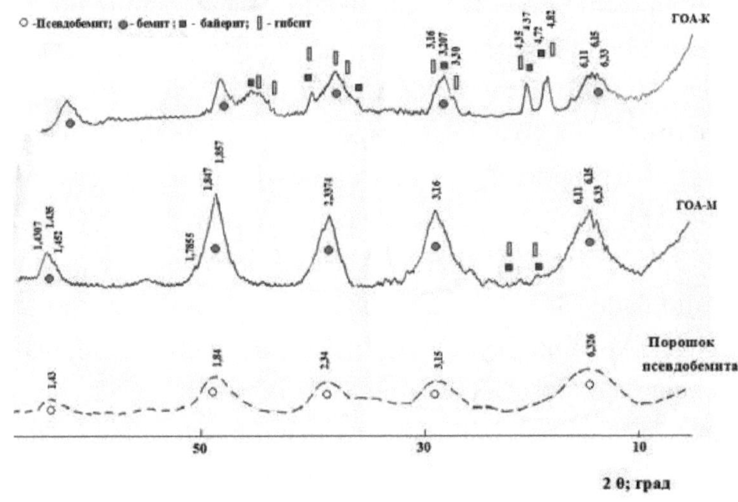

Fig. 2.1. Difractogramas de diferentes graus de GOA.

a formação de aniões de aluminato é limitada às camadas superficiais das partículas. Ao mesmo tempo, formam-se produtos intermédios nas mesmas, soltando a estrutura cristalina. O afrouxamento das camadas superficiais, mesmo com uma solução diluída de amoníaco, reduz a abrasividade das partículas de bemite, aumenta as suas propriedades plásticas e a sua reatividade. É isto que torna possível obter extrudados fortes com base em GOA-M ativado com amoníaco e seco a 250°C (a seguir designado por AGOA-M) - suporte n.º 11 (quadro 2.2). A baixa solubilidade das camadas superficiais das partículas de bemite no GOA-K e a presença de tri-hidratos de alumínio, praticamente insolúveis nas condições desta experiência, complicam ainda mais o processo de ativação pelo amoníaco. O valor do pH da massa de GOA-K misturada com uma solução aquosa de amoníaco diminui de forma insignificante de 12,6 para 12,4 no processo de exposição durante um dia.

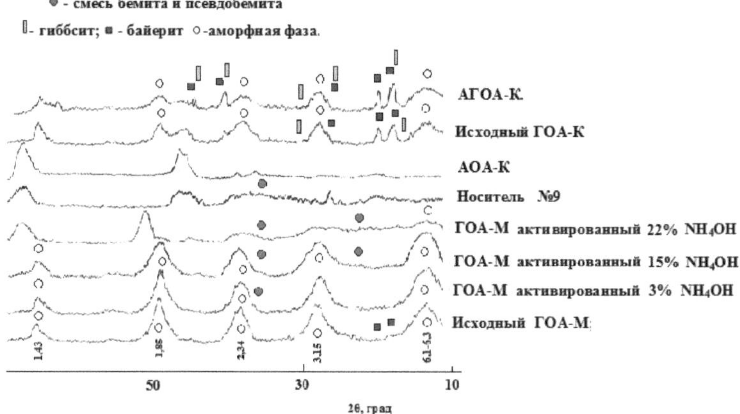

Fig. 2.2. Efeito da ativação do GOA com solução de amoníaco na composição das fases dos hidróxidos de alumínio.

As reflexões mais nítidas da bayerite e da gibbsite nas radiografias de raios X, em comparação com as amostras não activadas, são explicadas pela ordenação da sua estrutura cristalina e pelo alargamento dos cristais devido à estratificação dos iões de aluminato da fase líquida. Em certa medida, é semelhante ao envelhecimento do precipitado de hidróxido de alumínio no licor-mãe no processo de síntese industrial da pseudobemite redepositada. O GOA-K obtido por tratamento com amoníaco, tal como o produto ativado seco a 250ºC (AGOA-K), não é moldado em pellets por extrusão. A reatividade dos produtos de destruição das camadas próximas da superfície da rede cristalina da bemite é incomparavelmente mais elevada do que a dos cristais já formados. A combinação de hidróxidos de alumínio de diferentes graus de cristalinidade - GOA-M e AGOA-K seco ativado, devido ao aumento da solubilidade em ácido nítrico com a formação de um gel misto de hidroxonitratos de alumínio e aluminoboratos, permitiu mais do que duplicar o número de poros grandes desejáveis com boa resistência mecânica (amostra n.º 12, Quadro 2.2).

No processo de desenvolvimento do suporte n.º 9, tentámos criar uma estrutura biporosa (10-20 nm e 100-150 nm) através de outro esquema, nomeadamente colando agregados hidroliticamente estáveis de óxido de alumínio AOA-K (fração 0,1-0,06 mm) e partículas de GOA-M peptizado. Durante a calcinação do GOA-K tratado com amoníaco, formam-se partículas de óxido de alumínio ativado (AOA-K) com maior reatividade e poros maiores do que no caso do GOA-M. É de notar que a dimensão dos poros e a superfície específica dos AGOA-K e AOA-K obtidos podem ser reguladas pelo tempo de exposição em meio de água-amoníaco e pela alteração do pH da massa, bem como pela temperatura de calcinação. Este método de preparação do suporte de alumina-caulinborato permitiu aumentar até 31% a percentagem de poros disponíveis para as grandes moléculas de substâncias resinosas asfaltenos. As amostras dos catalisadores AKNM-3/5 e ANM-2/3 foram preparadas e testadas neste suporte

De acordo com os dados da porometria de mercúrio (Fig.2.3), no óxido de alumínio obtido por calcinação de GOA-K não ativado, predominam os poros pequenos com um máximo nas curvas de distribuição do tamanho dos poros com raios de cerca de 4-5 nm. No caso do GOA-M, o máximo de poros situa-se entre 4,5-5,5 nm. AOA-K - o óxido de alumínio obtido por calcinação do AGOA-K ativado com amoníaco tem uma estrutura biporosa, que se caracteriza pela presença de dois picos no gráfico de distribuição do raio dos poros: 7-10 nm e 50-170 nm, bem como um pico bastante fraco a 250-500 nm. Resultados semelhantes são obtidos durante o tratamento térmico do AGOA-M ativado, onde se distinguem claramente grupos de poros inferiores a 4 nm.

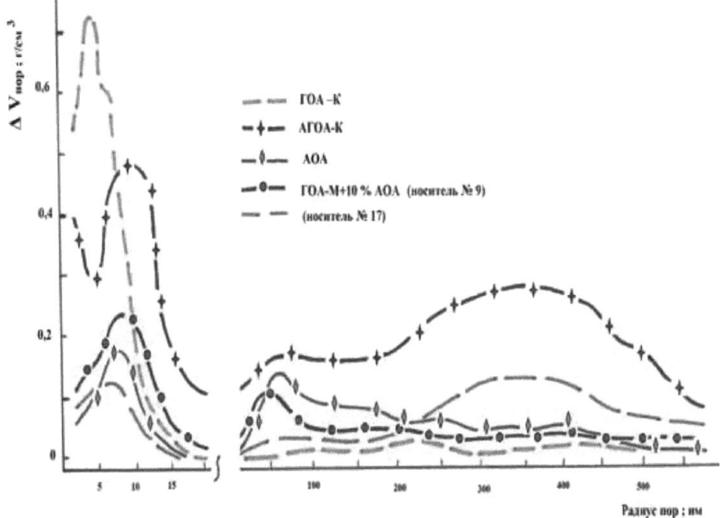

Fig. 2.3. Influência da ativação do amoníaco nas caraterísticas porosas dos óxidos de alumínio e dos suportes neles baseados.

No processo de preparação do veículo n.º 9, o gel formado por hidroxonitratos de alumínio e aluminoboratos hidratados na superfície das partículas GOA-M cola firmemente as grandes partículas porosas de óxido de alumínio e cria um sistema secundário de grandes poros parcialmente preenchidos com fase finamente dispersa. O máximo nas curvas de distribuição do raio dos poros é para poros com raio de 30-50 nm. A maior influência no crescimento do volume de poros grandes (raio superior a 10 nm) é o aumento do conteúdo da fração grosseira-dispersa de óxido de alumínio ativado na composição da massa de moldagem de suporte

D a comparação da área de superfície específica, do volume total de poros e dos dados sobre a estrutura porosa dos suportes, conclui-se que a substituição parcial do líquido intermicelular, através da imersão dos grânulos moldados na solução de modificador de textura antes da murchidão, conduz igualmente a um aumento da dimensão dos poros na superfície dos grânulos. O efeito máximo é alcançado mergulhando os grânulos húmidos numa mistura de polietileno poliamina, etanol, água e (1:1:1). Em particular, o raio dos poros na superfície exterior dos grânulos portadores #13 aumenta para 180-230 Å, com um raio médio efetivo dos poros de 70 Å. A presença de grandes poros abertos na camada superficial, combinada com alta resistência mecânica e atividade de sorção em relação a substâncias resinosas de asfalteno, permitiu-nos recomendar este transportador para testes como um catalisador de desmetalização (AKNM-5/16) [224; P. 72].

Para implementar a tecnologia proposta e otimizar os parâmetros tecnológicos em condições industriais, foi instalado no OEP da UzKFITI o equipamento adicional necessário para a ativação termoquímica do hidróxido de alumínio e para a substituição do líquido intermicelar dos grânulos formados. Na Figura 3.4 está destacado a vermelho. Utilizando um mini-misturador, foi optimizada a proporção de caulino fino cristalino AKF-78 e óxido de alumínio obtido a partir de hidróxido de alumínio grosso cristalino ativado por amoníaco - GOA-M: K: AOA-K - (Quadro 2.3). Os parâmetros tecnológicos: concentração e quantidade óptimas de agente ativador, tempo e temperatura de maturação do hidróxido de alumínio ativado e tempo de maturação dos grânulos na solução de modificador de textura estão reflectidos no regulamento (anexo). A síntese de lotes experimentais de amostras foi efectuada de acordo com a tecnologia do suporte n.º 9 (Quadro 2.2) com um teor fixo de modificador - ácido bórico (2,5 wt.%). B_2O_3). As caraterísticas de textura e resistência dos suportes obtidos de acordo com o esquema proposto, utilizando equipamento industrial, são apresentadas no Quadro 2.

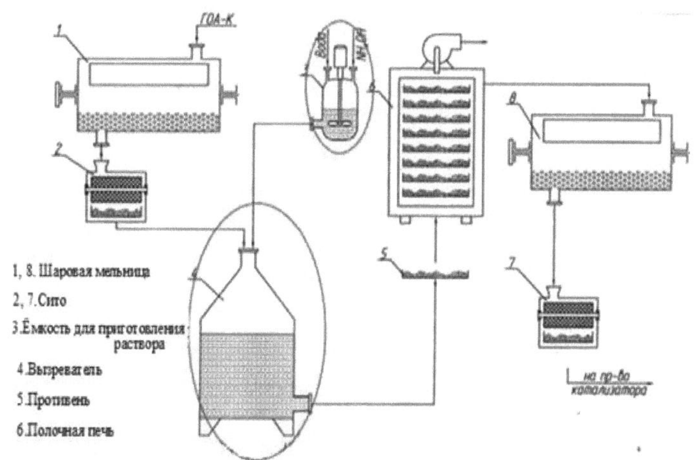

Fig. 2.4. Esquema tecnológico da unidade de ativação GOA-K.

Tabela 2.3.

Efeito do rácio de componentes sólidos na textura do suporte.

media não.	Rácio ponderado GOA-M:K:AOA-K	$K_{resistência}$; kg/mm	D_{cp} dos poros; nm	Percentagem de poros com	$\sum Vpor$; cm^3/g	$S_{(ood.)}$; g/m^2

				D_{cp}=7-10 nm; %		
№3	1.0:0.1:0	2.32	4.2	3.2	0.64	230
№9	1,0:0,1:0,1	3.2	7.3	34.7	0.52	240
№ 15	1:0.2:0.3	2.37	7.0	31.2	0.52	250
№16	1,0:0,5:0,1	3.58	5.4	18.9	0.32	110
№17	1,0:0,1:0,5	1.07	6.6	30.7	0.67	280
№18	1,0:0,2:0,5	1.38	6.2	27.4	0.58	220
№19	1,0:0,5:0,5	1.98	5.1	21.0	0.50	140
№20	9:0:1	1.2	4.8	22.6	0.45	290

A análise da influência da relação GOA-M: K:AOA-K sobre as caraterísticas dos catalisadores (quadro 2.3) mostra que a introdução de uma fração de óxido de alumínio dispersa em grande quantidade (de 0,04 a 0,1 mm), simultaneamente com caulino, melhora a resistência dos grânulos de suporte. Na ausência de caulino, o método proposto não fornece a resistência necessária aos grânulos de hidróxido de alumínio. O coeficiente de resistência do suporte n.º 20 foi de apenas 1,2 kg/mm. Na transição para amostras com elevado teor de AOA-K, com a relação GOA-M: K: AOA-K = 1,0:0,1:0,5 (suporte n.º 17), a resistência mecânica não diminuiu, tal como na relação 1,0:0,2:0,5 (suporte n.º 18). Observou-se um certo aumento da resistência com uma proporção igual de caulino e AOA-K (veículo n.º 19), mas foi obtida uma resistência aceitável na ausência de AOA-K (veículo n.º 1) ou quando o teor de AOA-K foi reduzido para uma proporção de GOA-M: K: AOA-K = 1,0:0,2:0,3 (veículo n.º 15). O aumento do teor de caulino no teor mínimo de AOA-K aumentou drasticamente a resistência, mas também piorou drasticamente a textura (veículo nº 16). A relação óptima entre resistência e caraterísticas de textura foi alcançada no caso dos suportes n.º 9 e n.º 15.

Assim, o método tecnológico para obter uma estrutura porosa bidispersa do suporte consiste em selecionar a combinação óptima de aglomerados (partículas) finos e grosseiros dispersos na mistura de moldagem constituída por hidróxido de alumínio, caulino (tamanho de partícula de 0,004 a 0,04 mm) com óxido de alumínio (tamanho de partícula de 0,04 a 0,1 mm), bem como a utilização de modificadores.

§2.2 Propriedades de superfície dos portadores

<A superfície do GOA-M inicial possui um conjunto de centros ácidos moderados e muito fracos com $+3,8 \leq pK_{(a)}$ $_{+6}$,8. O hidróxido de alumínio cristalino de grandes dimensões (GOA-K), constituído por byerite (20÷25 nm), hidrargilite (28÷300 nm) e bemite (20÷100 nm), tem um carácter básico mais pronunciado. Na sua superfície identificam-se principalmente centros ácidos muito fracos com $p_{K(a)}$ na estreita gama +6 ÷ +7 e algum número de centros básicos com $p_{K(a)}$= +9,3[217, P. 141]. Os centros fracamente ácidos e fracamente básicos estão presentes na superfície do caulino sem tratamento térmico preliminar. Após ativação termoquímica do GOA-K, foram também encontrados centros básicos com $pK_{(a)} \geq +9$ na sua superfície [217, P.141, 225; P.108]. =Na superfície do suporte preparado, observam-se centros predominantemente ácidos, cuja força atinge $pK_{(a)}$ $_{-5}$,6, e a concentração máxima recai sobre centros ácidos de força média na gama de pK_a de -3 a +1,5. Quando se obtém

AOA-K, surgem defeitos adicionais durante o processo de remoção intensiva de amoníaco, como evidenciado por um aumento acentuado do número de centros ácidos de Lewis - iões de alumínio tri-coordenados fora da rede. O aumento da concentração de centros aprotónicos durante a calcinação das amostras foi registado por dois métodos de investigação independentes. O método de medição do pH revelou que a acidificação da água em contacto com a solução de AOA-K, indicando a presença de centros ácidos de Lewis receptores de electrões, aumenta com a diminuição do grau de oxidação da amostra inicial de hidróxido de alumínio. Assim, o número de centros de Lewis de aproton por unidade de superfície, aumenta com o aumento da temperatura de calcinação, passa por um máximo a uma temperatura superior a 600°C, e depois diminui ligeiramente (Fig. 2.5) [226, P. 137-138].

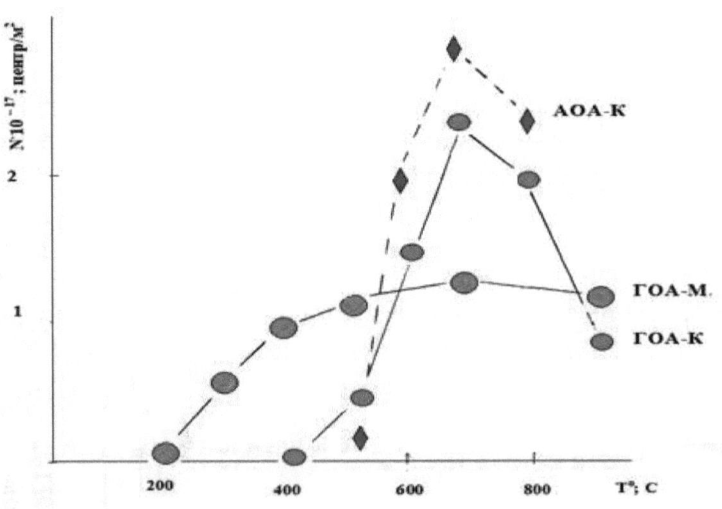

Figura 2.5. Alteração da acidez aprotónica das amostras de hidróxido de alumínio durante a calcinação.

A pré-ativação do hidróxido de alumínio com uma solução aquosa de amoníaco quase duplica a densidade dos defeitos de superfície. A concentração máxima de centros ácidos de Lewis (mg-eq/$m^{2)}$, estimada a partir da diminuição da intensidade da banda de absorção da dicinthalacetona a 475 nm, específica para a adsorção em centros aprotónicos, após envenenamento doseado de centros ácidos com p-butilamina, também cai na temperatura de calcinação de 700°C. A redistribuição da força e concentração dos centros ácido-base, dependendo das condições de ativação e tratamento térmico, manifesta-se claramente na gama de temperaturas 450-550°C. Isto é, quando o amoníaco é quase completamente removido, provocando a presença de centros básicos, registada pela alteração da intensidade da banda de absorção com um máximo a 560 nm, correspondente à forma básica dos indicadores dos espectros electrónicos da fenolftaleína adsorvida (Fig. 2.6).

A comparação dos espectros vibracionais dos grupos funcionais na região de sobretom na superfície das amostras secas ao ar e calcinadas à temperatura de síntese do portador 550°C, quando o processo de decomposição já foi concluído e a transição do hidróxido de alumínio para óxido não ocorreu completamente, revelou uma diferença na concentração de grupos hidroxilo superficiais, água molecular e amoníaco residual. Na superfície do hidróxido de alumínio inicial e do hidróxido de alumínio calcinado não modificado, apenas são mostrados grupos hidroxilo sob a forma de bandas de sobretons a 5,18-5,27 kcm^{-1} e água molecularmente adsorvida a 7,12-7,23xcm^{-1} (Fig. 2.7). Após a ativação com amoníaco concentrado, aparecem bandas a 5,02 e 6,6 kcm^{-1}, indicando claramente a presença de grupos com ligações N - H na composição do amoníaco firmemente quimisorvido, e a sua intensidade é muito menor no GOA-K. É o amoníaco residual quimisorvido que é responsável pelos principais centros observados na superfície do hidróxido de alumínio ativado (Figs. 2.4, 2.5, 2.6). Da análise das curvas diferenciais de distribuição dos centros ácido-base em função da força e da concentração (Fig. 2.8), conclui-se que a ativação do amoníaco é também acompanhada de um envenenamento dos centros ácidos fortes e moderados. Na superfície do AGOA-K, formam-se predominantemente centros ácidos fracos, cuja força se situa no intervalo pK_a + ÷ +4. A concentração máxima de centros ácidos está localizada no amplo intervalo $p_{K(a)}$0÷+7, no entanto, também são preservados centros ácidos bastante fortes com $p_{K(a)}$ cerca de-5 (Fig. 2.8). Os processos que envolvem hidrogénio, incluindo a hidrodessulfurização catalítica, podem ser influenciados não só por centros ácido-base mas também por centros redox [227, P.94]. As concentrações dos centros de oxidação e redução da superfície do suporte foram determinadas pelo método da sonda molecular, após calcinação preliminar a 400°C no ar ou no hidrogénio, de acordo com a técnica desenvolvida anteriormente no UzKFITI. As moléculas de difenilamina (DFA) e antraceno (AN) foram utilizadas como sondas para os centros de oxidação, que têm baixos potenciais de ionização e, ao interagirem com os centros aceitadores da superfície, transferem um eletrão para estes, transformando-se nos radicais catiónicos correspondentes.

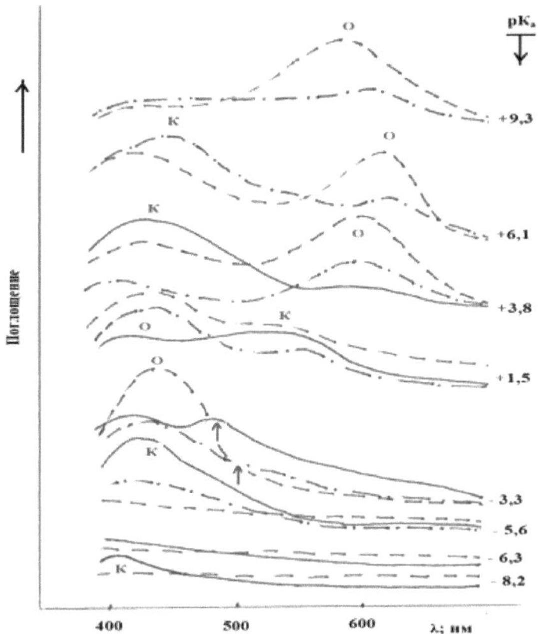

—— - - - - - -Fig. 2.6 Espectros de reflexão difusa de indicadores com diferentes pK_a adsorvidos na superfície de óxidos de alumínio obtidos por calcinação a 550°C: inicial ( ), ativado com solução aquosa de amoníaco GOA-M ( ), GOA-K ( ).

Do mesmo modo, foram utilizadas moléculas de cloranil (CA), 1,3,5-trinitrobenzeno (TNB) e μ-dinitrobenzeno (DNB), que têm uma elevada afinidade eletrónica e se transformam nos radicais aniónicos correspondentes após interação com os centros dadores, para sondar os centros redutores. A concentração de radicais catiónicos e aniónicos formados na superfície do portador durante a adsorção dos indicadores correspondentes foi determinada pelo método EPR. Verificou-se que, no processo de formação do vetor n.º 9, incluindo a fase de ativação termoquímica do GOA-K com amoníaco, a concentração dos centros de oxidação diminuiu em comparação com o GOA-M e o GOA-K calcinados, sendo inferior à do vetor n.º 2 obtido a partir do GOA-M [227, P.96].

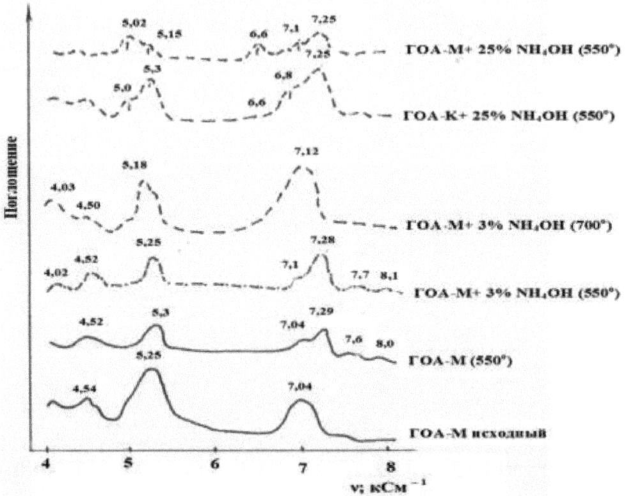

Fig. 2.7. Alteração dos espectros electrónicos de reflectância difusa na região de sobretons do espetro durante a ativação do hidróxido de alumínio.

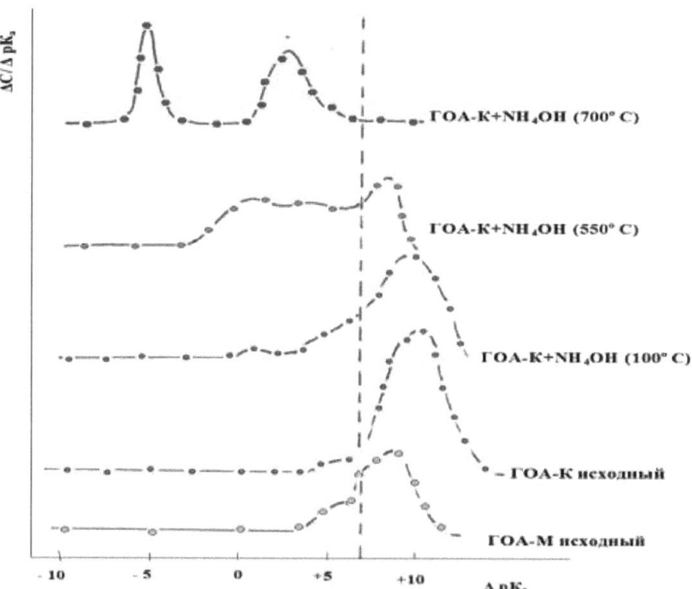

Figura 2.8. Curvas de distribuição diferencial dos centros ácido-base por força de concentração na superfície do hidróxido de alumínio, inicial e após ativação com solução de amoníaco.

Na superfície do AOA-K ativado com amoníaco não foram detectados centros de oxidação, mas foi observada a concentração máxima de centros redutores, incluindo centros fortes, ou seja, capazes de formar radicais aniónicos quando interagem com a molécula de μ-dinitrobenzeno. O tratamento térmico de todas as amostras investigadas num ambiente de hidrogénio redutor foi acompanhado pelo desaparecimento completo dos centros de oxidação e por um aumento da concentração de centros redutores na superfície dos componentes iniciais e dos suportes preparados (Tabela 2.4).

Tabela 2.4.

Propriedades redox de componentes de suporte calcinados, avaliadas por diferentes indicadores.

Cifra	Concentração de centros; Spin/g · $10^{(-18)}$						
	Endurecido ao ar					Reduzido em	
	Oxidativo			Restauração		Restauração	
	DF	NA	HA	TN	DNB	TN	DNB
GOA-M	44,	25,	5,2	3,6	0,08	17,5	1,5
GOA-K	32,	14,	1,3	0,6	*	3,8	0,07
AGOA	-	-	-	4,5	0,19	11,6	2,3
Caulino	1,1	-	-	-	-	*	-
Transport	3,6	2,2	0,3	1,3	0,09	1,8	0,12
Transport	2,7	1,4	0,2	1,5	0,17	2,3	0,53

Assim, variando a composição fraccionada dos pós de hidróxido de alumínio armazenados a longo prazo, as condições da sua ativação e modificação termoquímica, foi desenvolvida a tecnologia de síntese de suportes para catalisadores de hidrotratamento com base em matérias-primas locais e hidróxido de alumínio não líquido. Os suportes preparados de acordo com a tecnologia desenvolvida são caracterizados distribuição bimodal dos raios dos poros, uma grande proporção de mesoporos e um espetro favorável de centros de superfície.

CAPÍTULO III. PROPRIEDADES CATALÍTICAS DOS CATALISADORES TRIMETÁLICOS

§3.1 Graus de transformação de substâncias modelo em catalisadores ACNM em condições de baixa pressão de hidrogénio

A avaliação primária da atividade catalítica e da seletividade dos catalisadores desenvolvidos foi estudada com base no exemplo de reacções-modelo de hidrogenólise do dioctilenodissulfureto (enxofre leve) e do tiofeno (enxofre mais difícil). A conversão dos compostos de enxofre foi realizada unidade microcatalítica em fluxo com um pequeno excesso de pressão de hidrogénio. A atividade e a seletividade dos catalisadores estudados, calculadas por análise cromatográfica, são apresentadas na Tabela 3.1. O conjunto dos dados obtidos sobre a atividade de uma série de catalisadores e o teor de estruturas de solubilidade diferente em água e em amoníaco aquoso permite concluir pela existência de diferentes tipos de centros activos na superfície dos catalisadores. Como já foi referido, a reação de hidrodessulfuração direta com quebra da ligação C-S é catalisada por estruturas solúveis em solução aquosa de amoníaco, incluindo as extraídas do catalisador durante o tratamento da água. A correlação entre a quantidade de iões de molibdénio extraídos seletivamente, bem como os elementos do grupo VIII do sistema periódico e as propriedades catalíticas, é claramente observada no quadro 3.1. A conversão do tiofeno e do dioctilenodissulfureto ocorre, em certa medida, mesmo com o catalisador AKNM-5/16-P num suporte de porosidade larga n.º 13, recomendado para utilização como catalisador de camada protetora. O catalisador AKNM-5/16-P contém apenas 5 wt.% de MoO(3), extraído com água. MoO_3, a água extraiu apenas 0,8% em peso teor inicial de molibdénio no catalisador, e a solução de água-amoníaco - 1,8% em peso. Nos trabalhos de Spozhakina e de outros autores, verificou-se que os compostos de molibdénio não são extraídos de todo quando tratados com água e/ou solução de amoníaco e água com um teor inferior a 6-7 % em peso de MoO(3). MoO_3. Esta diferença, em nossa opinião, deve-se à presença de compostos de silício na composição dos transportadores, que interagem com o paramolibdato de amónio durante a síntese dos catalisadores com a formação de alguma quantidade de heteropoliácido de silício-molibdénio solúvel em água. Esta conclusão foi confirmada por reação qualitativa durante a análise dos extractos dos catalisadores modelo AM-P e #1-AM. Os extractos dos catalisadores após a adição de ácido ascórbico adquiriram uma coloração azul caraterística dos iões Mo^{5+} nos compostos de heteropoliácidos de silício. A intensidade da cor do extrato aquoso do AM do catalisador contendo 9 wt.% de MoO(3) no suporte. O MoO_3 no suporte n.º 16 com elevado teor de caulino (rácio de GOA-M: K: AOA-K=1,0:0,5:0,1) foi muito mais brilhante. Consequentemente, os compostos de silício-molibdénio solúveis em água, no processo de síntese da amostra modelo, formaram-se muito mais - cerca de 10% do teor inicial de molibdénio. Do catalisador trimetálico de baixa percentagem AKNM - 5/16 foi extraída uma quantidade muito pequena de compostos de silício-molibdénio, juntamente com metais de transição promotores do grupo VIII. A quantidade de metais de transição extraídos por solução aquosa de amoníaco, ou seja, potencialmente activos na hidrodessulfinação, não é superior a 0,13% do peso do catalisador. Este valor aumenta com o aumento do teor de metais de transição.

Tabela 3.1.

Результаты испытания образцов катализаторов в конверсии тиофена, диоктилдисульфида на микрокаталитической установке.

(давление водорода - 0,001 МПа, водород:сырье = 20:1, объемная скорость 0,5 час$^{-1}$, фракция 0,63-1,0 мм, навеска катализатора – 1г)

Катализатор	Содержание, %			Конверсия, %			Состав продуктов превращения при 300°С, %					
				Тиофен		Диок-тилди-сульфид (300°С)	Тиофен			Диоктилдисульфид		
	MoO_3	CoO	NiO	300°С	400°С		ΣC_2+C_3	н-C_4H_{10}	C_nH_{2n}	$\Sigma C_1 \div C_7$	н-C_8H_{18}	ΣC_nH_{2n}
АКНМ-5/16	5,0	0,49	0,48	3,8	6,4	9,6	0,3	6,6	76,8	1,8	11,6	68,4
АКНМ-5/16 *	4,96	0,47	0,47	3,6	6,3	8,9	0,3	6,0	77,4	1,7	11,6	68,3
АКНМ-5/16**	4,91	0,47	0,46	2,7	6,3	7,1	-	5,8	77,6	0,3	11,2	68,8
АКНМ-3/5	11,91	2,51	1,50	21,9	26,5	43,5	0,8	29,7	49,3	2,2	51,2	28,7
АКНМ-3/5*	10,56	2,05	1,38	18,1	23,2	34,2	0,8	21,8	57,6	1,9	38,2	41,9
АКНМ-3/5**	6,44	1,86	1,30	4,2	7,1	10,4	0,5	7,27	71,7	0,8	12,9	67,0
АКНМ-2/9	17,5	4.19	1.70	65,8		90,3	1,4	95.6	2.1	3,3	58,4	37,9
АКНМ-2/9*	11,9	1,95	0,96	37,1		44,8	0,8	32,2	66,3	2,4	16,2	80,8
АКНМ-2/9**	9,83	1,28	0,42	23,4		15,8	0,6	31,2	67,4	1,8	13,6	83,9
АНМ-2/3	16,2	0	5,01	27,8	39,7	56,6	1,3	97,8	2,2	3,4	65,2	3,8
АНМ	11,5	0	2,73	20,2	23,4	42,2	0,6	24,5	51,2	2,3	44,6	27,2
АКМ	11,8	3,97	0	22,0	26,5	43,3	0,4	29,8	48,5	2,8	51,6	28,2
АКМ (пром)	12,0	3,93	0	21,8	26,7	43,4	0,9	29,1	49,1	2,3	51,6	28,9

No catalisador AKNM-3/5, após tratamento com solução aquosa de amoníaco, a soma dos óxidos de molibdénio, cobalto e níquel diminuiu de 15,91 para 9,6; wt. e já era cerca de 6 % do peso do catalisador. Para o catalisador AKNM-2/9, orientado para a hidrogenação de compostos poliaromáticos, a soma dos componentes activos, potencialmente activos em reacções de quebra de ligações C-S, atingiu quase 14% do peso do catalisador.

O grau de conversão do tiofeno e do dioctilsulfureto foi tomado como medida da atividade de hidrogenodessulfurização, estimada pela diminuição da área dos picos correspondentes nos cromatogramas após a reação. O caudal de tiofeno alimentado à unidade microcatalítica foi de 2,38 μmol/hora por grama de catalisador e o de dioctilenodissulfureto foi de 94,3 μmol/hora (Tabela 3.1). A proporção de n-butano (n-octano) identificada entre os produtos formados foi utilizada como uma estimativa da atividade de hidrogenação. A capacidade de craqueamento foi avaliada pela soma dos hidrocarbonetos C_2-C_3; a presença de metano não foi registada. Nas condições escolhidas para os processos-modelo na unidade microcatalítica, a taxa de conversão do tiofeno aumentou em conformidade, de 21,9% no catalisador AKNM-3/5 para 65,8% no AKNM-2/9. Entre os catalisadores bimetálicos com um teor próximo de metais de transição, a conversão máxima de tiofeno foi alcançada com o catalisador AKM. E entre as amostras trimetálicas estudadas, prevaleceu o catalisador AKNM-2/9 obtido por impregnação simples com uma solução conjunta estabilizada com ácidos fosfórico e cítrico. Devido a este método tecnológico, o catalisador AKNM-2/9 continha 17,5 wt.% de MoO(3) e apenas 3,5 wt.% de MoO(3). MoO_3 e apenas 3,8 wt.% de $P_{(2)}O_{(5)}$. P_2O_5. O catalisador ANM-2/3-P, contendo uma quantidade próxima de metais activos, mas obtido por uma única impregnação sem adição de ácido cítrico, continha cerca de 7,6 wt.% de wt. P_2O_5. Os catalisadores trimetálicos que contêm cerca de 12 % de MoO_3 no suporte n.º 9, bem como outros suportes estudados, ocupam uma posição intermédia. Na Figura 3.1. vê-se claramente a dependência da atividade, em micromoles de composto de enxofre, em relação ao teor total de metal de transição (TMP), reagido em cada um dos catalisadores sobre o mesmo suporte, com uma relação próxima de molibdénio, cobalto e níquel, mas com diferentes concentrações totais de componentes activos

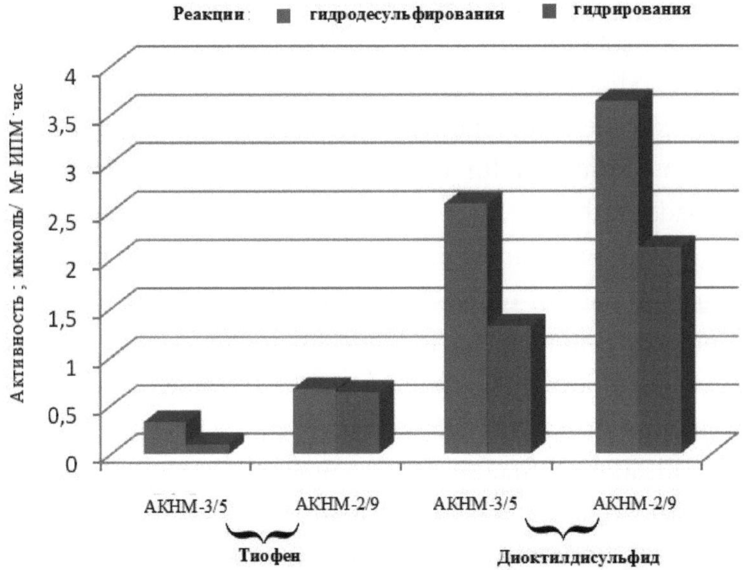

Fig. 3.1. Dependência da atividade do catalisador nas reacções de conversão de compostos de enxofre e subsequente hidrogenação dos produtos de conversão na concentração total de metais activos.

Embora com o aumento da concentração de MIP tenha sido observado um aumento da atividade tanto na conversão de compostos modelo como na subsequente hidrogenação de produtos de reação insaturados, o aumento da atividade de hidrogenação foi claramente superior ao aumento da quantidade de substâncias reagidas.

Nas fontes bibliográficas, este fenómeno é mais frequentemente associado um aumento progressivo do número de estruturas de molibdénio muito fracamente ligadas à superfície do suporte. Os cálculos efectuados com base nos resultados da análise cromatográfica das substâncias iniciais e dos produtos do seu hidrotratamento na unidade microcatalítica (Quadro 3.1) são de forma semelhante [84; P.177] nos Quadros 3.2 e 3.3. Nos Quadros 3.2-3.3, os resultados das experiências com catalisadores após extração com água (WE) de compostos de metais de transição fracamente ligados (fisicamente adsorvidos) são destacados com fundo amarelo, extração subsequente com solução de água-amoníaco de compostos de IPM ligados à superfície por ligações químicas (AWE) - com fundo laranja, e com tratamento apenas com solução de água-amoníaco - com fundo verde. O tratamento dos catalisadores iniciais com solução de água-amoníaco remove tanto as estruturas de IPM fracamente ligadas como as mais fortemente ligadas (RE+ABE). A quantidade de metais de transição (em termos dos óxidos correspondentes) nos catalisadores iniciais, bem como os que permanecem após a fase de extração (ou seja, muito fortemente ligados, incorporados no volume de transporte, compostos de MIP, que não são removidos por extração, nas condições selecionadas) foi determinada por uma combinação de sonda eletrónica e análise química de amostras representativas após o seu tratamento térmico repetido a 400°C. A quantidade de metais de transição removidos por extração foi determinada a partir da diferença dos resultados obtidos por cálculo.

Tabela 3.2.

Comparação da atividade do catalisador em reacções modelo de hidrodessulfinação do tiofeno e hidrogenação de produtos insaturados de hidrodessulfinação do tiofeno

	∑ IPM (Mo, CoNi); mg/g de	Quantidade de tiofeno	Atividade nas reacções de quebra de	Quantidade de butano; μmol/h	Atividade na hidrogenação de produtos de conversão
AKNM-5/16					
Inicial	59,7	9,04	0,15	0,60	0,01
Depois do VE.	59,0	8,57	0,14	0,51	0,009
Depois de VE e AVE	50,0	6,43	0,13	0,37	0,007
VE eliminado.	0,7	0,47	0,67	0,09	0,13
Suprimido VE+ABE	9,7	2,61	0,27	0,23	0,02
Removido por AVE	9,0	2,14	0,24	0,14	0,015
AKNM-3/5					
Inicial	159,2	52,1	0,327	15,5	0,097
Depois do VE.	139,9	43,08	0,308	9,39	0,067
Depois de VE e AVE	96,0	9,996	0,104	0,73	0,008
VE eliminado.	19,3	9,02	0,47	6,11	0,32
Suprimido VE+ABE	63,2	42,1	0,67	14,77	0,23
Removido por AVE	43,9	33,08	0,75	8,66	0,20
AKNM-2/9					
Inicial	233,9	156,6	0,67	149,7	0,64

Depois do VE.	148,1	88,3	0,60	28,4	0,19
Depois de VE e AVE	115,3	55,7	0,48	17,4	0,15
VE eliminado.	85,8	68,3	0,80	121,3	1,41
Suprimido VE+ABE	118,6	100,9	0,85	132,3	1,11
Removido por AVE	32,8	32,6	0,99	11,0	0,33

Tabela 3.3. Comparação da atividade do catalisador em reacções-modelo de hidrodessulfinação de dioctilodissulfureto (DOS) e hidrogenação de produtos insaturados da hidrodessulfinação de dioctilodissulfureto

	∑ IPM (Mo, CoNi);	Quantidade de DOC convertido; kmol/hora	Atividade nas reacções de quebra de ligações C-S; µmol DOS/mg	Quantidade de octano; µmol/h	Atividade na hidrogenação de produtos de conversão DOS; µmol octano/mg IPM·hora
AKNM-5/16					
Inicial	59,7	90,5	1,52	10,5	0,18
Depois do VE.	59,0	83,9	1,42	9,7	0,16
Depois de VE e AVE	50,0	67,0	1,34	7,5	0,15
VE eliminado.	0,7	6,6	9,42	0,8	1,14
Suprimido VE+ABE	9,7	23,5	2,42	3,0	0,3

Removido por AVE	9,0	16,9	1,87	2,2	0,24
AKNM-3/5					
Inicial	159,2	410,2	2,58	210,0	1,32
Depois do VE.	139,9	322,5	2,30	123,2	0,88
Depois de VE e AVE	96,0	98,1	1,02	12,7	0,13
VE eliminado.	19,3	87,7	4,54	86,8	4,49
Suprimido VE+ABE	63,2	312.1	4,94	197,3	3,12
Removido por AVE	43,9	224,4	5,11	36,4	0,83
AKNM-2/9					
Inicial	233,9	851,5	3,64	497,3	2,13
Depois do VE.	148,1	422,5	2,85	684,4	0,46
Depois de VE e AVE	115,3	149,0	1,29	20,3	0,18
VE eliminado.	85,8	429,0	5,0	428,9	5,0
Suprimido VE+ABE	118,6	702,5	5,92	477,0	4,02
Removido por AVE	32,8	273,5	8,34	48,1	1,47

Como se depreende dos Quadros 3.1-3.3, à medida que os metais de transição foram sucessivamente extraídos dos catalisadores com água e solução de amoníaco, o grau de transformação de todas as substâncias modelo estudadas diminuiu gradualmente. A atividade nas reacções de hidrodessulfuração e de hidrogenação das amostras contendo apenas compostos residuais de molibdénio e elementos promotores do grupo VIII, não removidos por extração segundo o método por nós adotado, foi muito baixa. Foi demonstrado que o nível de atividade hidrodessulfurizante no processo de conversão de compostos de enxofre está mais relacionado com o teor de molibdénio e alguma quantidade de Co e/ou Ni, que não são extraídos durante o tratamento dos catalisadores com água, mas são removidos por extração subsequente com solução aquosa de amoníaco

No exemplo da conversão do dioctilenodissulfureto no catalisador AKNM-2/9 (Fig. 3.2, Tabela 3.2), observa-se claramente que a capacidade máxima de hidrogenodessulfidação é possuída por estruturas (principalmente molibdénio) suficientemente ligadas ao suporte, devido a ligações químicas, que não são removidas durante o tratamento do catalisador com água, mas são bem extraídas por solução de água-amoníaco (extraídas dos catalisadores por solução de água-amoníaco)

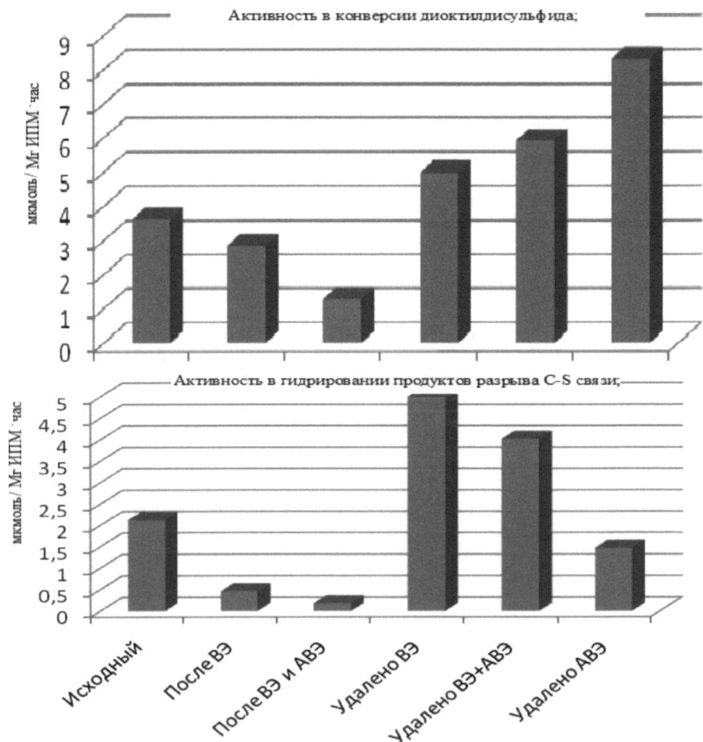

Fig. 3.2. Atividade comparativa do catalisador AKNM-2/9 na hidrodessulfinação do dioctilenodissulfureto e na hidrogenação dos seus intermediários de conversão após extração selectiva de diferentes estruturas com iões de metais de transição.

Isto é bem ilustrado pelas figuras, onde a atividade dos catalisadores está relacionada com a quantidade total de metais de transição contidos nas amostras estudadas. A atividade na transformação dos compostos de enxofre modelo no catalisador inicial e nos conservados após a conclusão da extração sequencial aquosa e aquosa-amoniacal ou única com solução aquosa de amoníaco é apresentada separadamente

O teor mínimo de hidrocarbonetos com ligações insaturadas (C_nH_{2n}) foi encontrado no hidrogenado do catalisador AKNM-2/9, com a quantidade máxima de molibdénio, cobalto e níquel extraíveis em água. A dependência proporcional da atividade em relação à quantidade de estruturas de Mo, Co e Ni (extraíveis em água) fracamente ligadas ao transportador só foi observada se a concentração de MoO_3 na composição do catalisador fosse superior a 9 wt.%. Em particular, a contribuição máxima para a hidrogenação de butenos (1,41μmol/mg IPM· hora), intermediários insaturados conversão de tiofeno, foi fornecida por 85,8 mg de IPM solúvel em água em 1 grama de catalisador AKNM-2/9. E nos catalisadores AKNM-3/5 e AKNM-5/16: actividades de 0,32 e 0,13 μmol/mg IPM· hora foram alcançadas à custa de 19,3 e 0,7 mg de IPM solúvel em água, respetivamente. O grau de hidrogenação do ciclo-hexeno, modelando olefinas - intermediários da hidrogenólise, aumentou em proporção à concentração total de estruturas de molibdénio, níquel e cobalto solúveis em água e solução de água-amoníaco [245; P.46].

§3.2 Relações entre a atividade de hidrogenação e de hidrogenação dos catalisadores e o número de estruturas IPM

Além disso, foi comparada a atividade de hidrogenação e hidrogenodessulfurização dos catalisadores iniciais com diferentes teores de metais de transição no processo de transformação do dioctilenodissulfureto (um composto que modela o "enxofre leve") e do tiofeno (que modela os compostos de "enxofre difícil" nas fracções petrolíferas, mas não é complicado pelo fator estérico). As medições da atividade dos catalisadores iniciais na instalação piloto foram repetidas em condições idênticas, mas após a remoção dos compostos de metais de transição mais fracamente ligados à água, bem como de estruturas relativamente fortemente ligadas. As regularidades reveladas na instalação microcatalítica no processo de transformação de substâncias modelo foram confirmadas quando se estudou a atividade dos catalisadores desenvolvidos numa instalação piloto de alta pressão no processo de hidrotratamento de fracções de petróleo reais (Fig.3.3)..3, Tabela 3.4) [244; C.40, 246;C.228,247;C.46, 248;C.75].

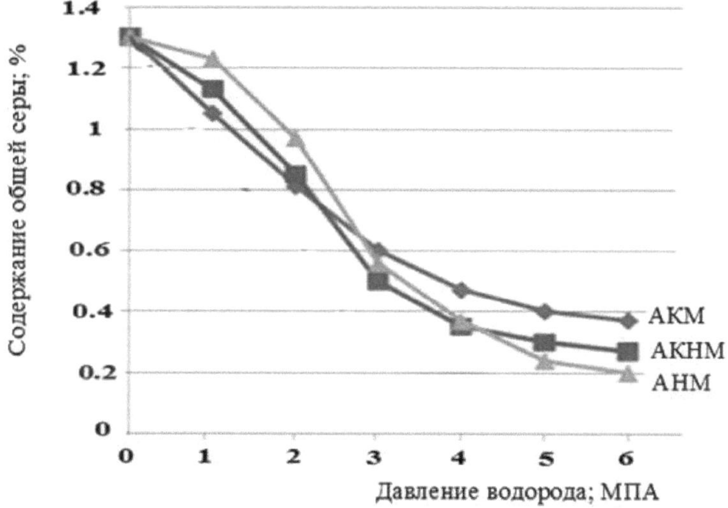

Fig. 3.3. Dependência da redução da concentração total de enxofre na pressão de hidrogénio durante o hidrotratamento de resíduos desasfaltados em diferentes catalisadores

Sob a condição de pressões de hidrogénio relativamente baixas (2MPa) e temperaturas, a atividade de hidrogenodessulfurização foi maior nos catalisadores de aluminocobalto-molibdénio, tanto industriais como sintetizados. Com um aumento de pressão até 2,5 MPa, este índice é igualado para as amostras AKNM-R e AKM-R, e com uma pressão de 3,0-4,0 MPa na gama de temperaturas de 300-340°C, a atividade da amostra AKNM-3/5-R excede o nível de hidrotratamento de forma bastante significativa pelos parâmetros principais: índice de viscosidade, cromaticidade, teor de enxofre e azoto. A cor na purificação de óleos de viscosidade média situou-se no intervalo de 2,0-2,6 unidades. O CNT e o teor de enxofre diminuíram de 0,91 para 0,20-0,32 % em massa.

A análise da fase gasosa revelou que nos produtos da reação, para além do sulfureto de hidrogénio, em todas as amostras estudadas não estão ausentes mais de 0,2 vol. % de hidrocarbonetos leves, principalmente pentanos, e hidrocarbonetos mais leves. Uma caraterística indireta da profundidade de transformação dos compostos heterorgânicos e dos hidrocarbonetos da matéria-prima no processo de hidrotratamento é a alteração da composição do gás que contém hidrogénio. Está provado que nos catalisadores considerados, apresentados na Tabela 3.4, não houve um aumento apreciável no teor de hidrocarbonetos leves no gás contendo hidrogénio à saída do reator, em comparação com o catalisador industrial AKM. O aparecimento registado de amoníaco nos produtos de reação indica hidrogenólise de compostos azotados.

Sabe-se que a reatividade das diferentes classes de compostos de enxofre é diferente. Assim, para modelar os processos de remoção de enxofre "fácil", "moderadamente difícil" e "difícil" nas fracções de petróleo, obtivemos as seguintes misturas modelo. Condicionalmente, podemos assumir que, após o ciclo de hidrotratamento da fração de matéria-prima, a uma pressão de hidrogénio de 3 MPa, o teor de compostos facilmente dessulfurados no hidrogenisado obtido (n.º 1) diminui quase até zero. O hidrogenisado №1 modelou a matéria-prima petrolífera com um teor total de enxofre de 0,57 %, mas com um elevado rácio de enxofre "difícil", espacialmente impedido, e de enxofre de tiofeno "moderadamente difícil", ou seja, compostos naturais específicos da matéria-prima da refinaria de petróleo de Fergana. O hidrogenizado (n.º 2) - desasfaltado profundamente hidrotratado (até um teor de enxofre de 0,1 % em peso) num catalisador industrial de alumínio-níquel-molibdénio a uma pressão de 6 MPa e a uma temperatura de 340 °C, serviu de base para misturas-modelo artificiais. O teor de "enxofre difícil" residual no hidrotratamento repetido sob as mesmas condições diminuiu menos de 0,01% em peso, ou seja, estava dentro da precisão da experiência.

Com a introdução de dioctilenodissulfureto (1,3% em peso de enxofre) no hidrogenisado n.º 2, obteve-se uma mistura modelo artificial com um teor elevado de enxofre dissulfureto exclusivamente "leve". Nesta mistura modelo, os catalisadores AKM-R, AKNM-R e ANM-R foram testados no suporte n.º 9 contendo a mesma quantidade de metais de transição (12,3-12,5 wt.% MoO(3)), combinados com a mesma quantidade de metais de transição (12,3-12,5 wt.% MoO(3)). MoO_3, combinado com 3,9-4,1 wt% de CoO e/ou NiO), no processo de hidrodessulfinação do dioctilenodissulfureto. Foi revelada uma clara vantagem do catalisador de cobalto-molibdénio na região de pressão de hidrogénio permitida na unidade G-24 da Refinaria de Petróleo de Fergana. A uma pressão de 3 MPa, o teor de dissulfureto de enxofre no AKM-R/#9 diminuiu para 0,052% em peso, no AKNM-R/#9 para 0,056% em peso e no ANM-R/#9 apenas para 0,093% em peso de "enxofre leve" condicionalmente. O padrão acima foi mantido com o aumento da pressão de hidrogénio até 4 MPa. Na região de pressões de hidrogénio mais elevadas, os melhores resultados na hidrodessulfinação do dioctilenodissulfureto na mistura modelo artificial de "enxofre leve" foram obtidos no catalisador ANM/#9. A reduzida atividade dos catalisadores contendo cobalto AKNM/#9 e, além disso, AKM/#9, em comparação com os análogos contendo níquel, não contradiz numerosas experiências descritas na literatura.

A regularidade observada coincidiu bastante bem com os resultados dos ensaios efectuados com matéria-prima natural - desasfaltado com elevado teor de enxofre total - 1,3 %, apresentados na Figura 3.3 [249; C.11-12].

Tabela 3.4.

Resultados dos ensaios de catalisadores no processo de hidrotratamento de matérias-primas para a produção de óleos de base. *$T = 300^oC$, $G = 1,0\ h^{-1}$, $P = 3,0\ MPa$*

Indicadores	O Êxodo. óleo	AKM GO-70 industrial.	ANM (n.ºs -9)	AKM (n.ºs -9)	AKNM-4/1((n.ºs -3)	AKNM-3/5 (n.ºs -9) MoO_3-11,91
Resíduo desasfaltado (após 1000 h em condições severas)						
Cor,; unidades. CNT	>8,0	5,2/5,2	5,3/5,3	5,3/5,3	5,2/5,2	5,2/5,2
Teor total de enxofre; %.	1,30	0,56/ 0,57	0,58/ 0,59	0,54/ 0,55	0,52/ 0,52	0,50/ 0,50
°Viscosidade a 40 C; cSt	305,6	303,5/ 303,6	315,0 / 315,0	280,0 / 280,0	280,0 / 280,0	312,2/ 312,2

°Viscosidade a 100 C; cSt	22,5	21,64/ 21,65	22,9/ 22,8	21,0/ 21,0	21,0/ 21,0	22,3/ 22,3
Índice de viscosidade	91,0	85,0/85 ,0	90,0/ 90,2	87,2/ 87,2	88,7/ 88,7	90,0/9 0,0
°Densidade a 20 C, g/cm3	0,900 3	0,9227/ 0,9229	0,910 9/ 0,910 8	0,920 7/ 0,920 7	0,920 9/ 0,920 9	0,9217 / 0,9217
°Temperatura de solidificação, C	-14	-15/-15	-14/- 14	-14/- 14	-15/- 15	-16/-16
III fração do destilado de vácuo						
Cor,; unidades. CNT	5,5	2,1	2,5	2,5	2,5	2,0
Teor total de enxofre; %.	0,91	0,22	0,32	0,26	0,24	0,20
Viscosidade a 100°C; cSt	6,97	8,0	6,8	6,8	7,0	6,8
Índice de viscosidade	94,5	97,6	96,5	96,5	98,5	98,2
°Temperatura de solidificação, C	-17	-18	-16	-16	-18	-19

A figura 3.3 mostra igualmente uma melhoria dos parâmetros do processo quando se passa a utilizar o catalisador de elevada percentagem AKNM-2/9, obtido por uma única impregnação do suporte n.º 9 com uma solução combinada de sais de metais de transição adequados estabilizados com ácido fosfórico e cítrico.

Além disso, por adição de tiofeno (1,3% em peso de enxofre) ao hidrogenisato #2, foi obtida uma mistura modelo artificial com alto teor de enxofre de tiofeno exclusivamente "moderadamente difícil". A mistura modelo preparada foi submetida mais completamente à hidrodessulfurização a pressões relativamente baixas sobre o catalisador AKNM/#9. A uma pressão de hidrogénio de 3,0 MPa, o teor de enxofre de tiofeno residual era de 0,12% e a 4 MPa diminuiu para 0,08%. Nos catalisadores ANM/¹9 e AKM/¹9, o grau de conversão do enxofre tiofénico à pressão de hidrogénio de 3,0 MPa foi, respetivamente, de 90,1 e 89,8 % do inicial. Com o aumento da pressão até 4,0MPa, o grau de transformação nos catalisadores investigados foi: AKNM/#9 - 93,8%, ANM/#9 - 92,7%, AKM/#9 - 92,0%. Quando os catalisadores foram testados em condições semelhantes na mistura modelo de hidrogenisado n.º 1-natural com uma elevada proporção de enxofre "difícil", impedido espacialmente e enxofre de tiofeno parcialmente removido, é muito provável que o enxofre de tiofeno "moderadamente difícil" tenha sofrido a transformação em maior medida (Fig. 3.4). Devido a uma quantidade suficiente de estruturas fracamente ligadas (molibdato de níquel extraível com água), ocorreu a hidrogenação das ligações duplas nos anéis de tiofeno dos compostos organossulfurados, mas de forma muito mais eficiente do que quando o modelo de tiofeno foi testado na unidade microcatalítica (Tabela 3.1)

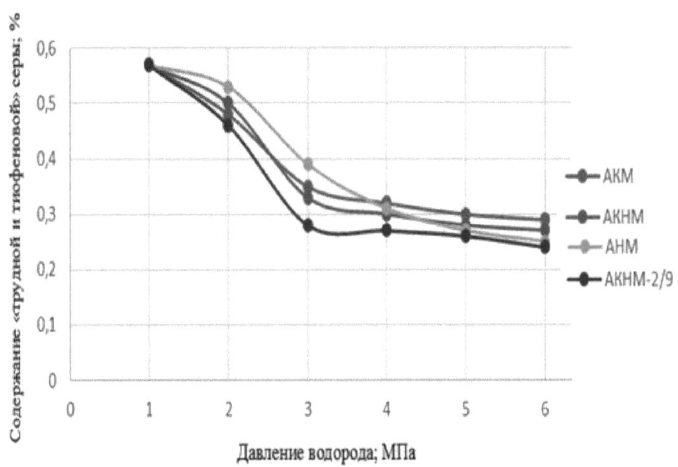

Fig. 3.4. Dependência da redução da concentração de enxofre "difícil e tiofeno" da pressão no processo de hidrotratamento do hidrogenisado contendo 0,57% de compostos de enxofre difíceis de remover.

A presença simultânea de uma elevada concentração de estruturas de Co-Mo extraídas por solução aquosa de amoníaco proporcionou uma dessulfuração suficientemente eficaz dos produtos de hidrogenação. <<A uma pressão de 3,0 MPa o grau de transformação nos catalisadores investigados aumentou na série: AKM/^{1}9-43,8 % ANM/^{1}9 - 61,4 % < AKNM/^{1}9-64,9 %, e quando o processo foi efectuado a 4,0 MPa a ordem mudou: AKM/^{1}9-61,4 % < AKNM/^{1}9-70,18 %, ANM/^{1}9-73,9 %.

Este facto, em combinação com os dados sobre a conversão de enxofre de tiofeno numa mistura modelo artificial, provou que a hidrogenação de ligações duplas em compostos de enxofre aromáticos ocorre a pressões superiores a 4,0 MPa e requer um catalisador com um elevado teor de estruturas de níquel-molibdato fracamente ligadas à superfície com atividade de hidrogenação máxima

A baixa eficiência do catalisador AKM-R/#9 é confirmada por testes comparativos de catalisadores em mistura modelo natural (obtido durante o hidrotratamento de resíduo deftalítico com alto teor de enxofre a uma pressão de hidrogénio de 2,5-3,0 MPa no catalisador AKNM-2/9) contendo principalmente "enxofre difícil" (Fig. 3.5). Neste caso, mesmo a uma pressão de hidrogénio muito elevada, o grau de conversão das moléculas de "enxofre difícil" a uma concentração inicial não elevada (0,27% em peso) não ultrapassou 15%.

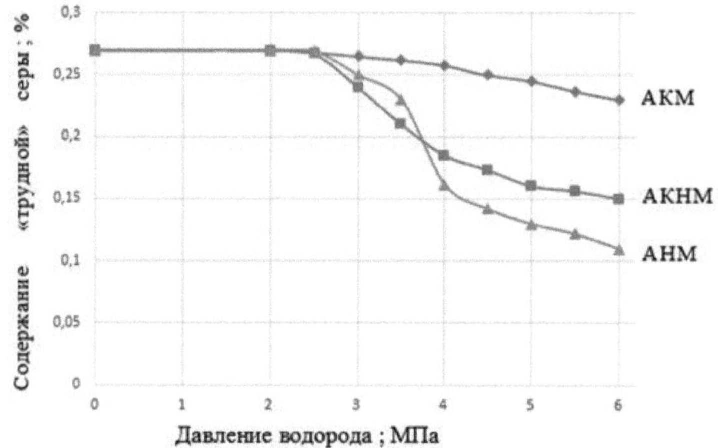

Fig. 3.5. Dependência da redução da concentração de enxofre "difícil" da pressão no processo de hidrotratamento do hidrogenisado contendo 0,27% de compostos de enxofre difíceis de remover.

A vantagem do catalisador trimetálico AKNM-P/#9 sobre o ANM-P/#9, bem como sobre a matéria-prima real de hidrocarbonetos (Tabela 3.5), manifestou-se apenas numa gama de pressão muito estreita de 2,5-3,5 MPa. No entanto, a alteração do método de síntese, em simultâneo com o aumento da concentração de componentes activos (catalisador AKNM-2/9 nas Tabelas 4.2 e 4.4), permitiu reduzir o teor de enxofre na mistura modelo de "enxofre difícil" para 0,21 wt. wt. S, e o enxofre total na matéria-prima típica com alto teor de enxofre para 0,23 wt. wt. S, mesmo a uma pressão de hidrogénio relativamente baixa de cerca de 3MPa para processos de hidrotratamento (Quadro 3.5).

Os dados da Tabela 3.5 também mostram que, no caso da implementação do método de sulfidação do catalisador AKNM-2/9 por sulfureto de hidrogénio gasoso, amplamente utilizado em várias refinarias estrangeiras, o teor de enxofre nos óleos de base pode ser reduzido para 0,5% (50ppm). Assim, para obter catalisadores da série AKNM altamente activos, a relação entre os componentes de suporte GOA-M: K: AOA-K deve ser da ordem de 1,0:0,1:0,1 a 1,0:0,2:0,3. Embora na proporção de 1,0:0,2:0,5 com uma elevada proporção de óxido de alumínio ativado no suporte, a atividade dos catalisadores é elevada, mas os grânulos não cumprem o critério de resistência. Uma caraterística de desempenho extremamente importante dos catalisadores, para além da atividade, é a estabilidade no processo de hidrotratamento. O teste expresso da estabilidade em condições rigorosas, frequentemente utilizado em laboratórios de investigação, através do aumento a curto prazo (várias horas) da temperatura e da pressão no reator, mostrou o seguinte.

Após o efeito negativo da temperatura elevada durante o hidrotratamento de matérias-primas desfavoráveis (com elevado teor de enxofre, azoto e compostos insaturados), os catalisadores no suporte n.º 9 (com a relação GOA-M: K:

AOA-K = 1,0:0,1:0,1) AKNM-3/5 diminuíram a atividade inicial em 0,13% e AKNM-2/9 em 0,33%

O catalisador AKNM/#17 no suporte com a relação de 1,0:0,5:0,5 reduziu a atividade em 0,49%, e o catalisador AKNM/#20, sem caulino, em 2,6%. Os dados obtidos mostram que a introdução de caulino e de óxido de alumínio ativado, de acordo com a tecnologia proposta, na mesma

Tabela 3.5.

Сопоставительные данные по каталитическим свойствам катализаторов в процессе гидрообессеривания масляных фракций, полученные на пилотной установке при объемной скорости – 1 $ч^{-1}$.

Шифр катализатора	Температура прокалки; °C	Соотношение ГОА-М: К:АОА-К	Сульфидирование	NiO	CoO	MoO_3		Параметры процесса			Тестирование устойчивости к дезактивации			
					T;°C P; МПа		300 3.0	340 3.0	360 3.0	380 5.0	300 3.0	340 3.0	380 5.0	300 3.0
				Сырье			Содержание серы и азота в ppm; йодное число в $гJ_2/100г$							
							S-11000, N-0.095; Й.ч.-0.3				S-15000; N- 0.145; Й.ч.-0.7			
№1	400	1.0:0.1:0	Дизельной фракцией	1.48	2.47	12.4	2300	1887	1297	620				
АКНМ-3/5	400	1,0:0,1:0,1		1.48	2.51	12.5	2274	1776	1207	596	2280	1800	413	2283
АКНМ-2/9	400	1,0:0,1:0,1		1.70	4,19	17.5	2111	1544	995	367 N-0.028	2113 N-0.09	1605 N-0.080	381 N-0.037	2120 N-0.092
АКНМ-2/9	150	1,0:0,1:0,1					2733	2005	1294					
АКНМ-2/9	150	1,0:0,5:0,1	H_2S				461	334	275					
АКНМ/№16	400	1,0:0,1:0,5	Дизельной фракцией	1.0	2.3	8.5	7838	6511	4650					
АКНМ/№17	400	1,0:0,5:0,5		1.44	2.36	12.3	2203	1803	1215	662	2224	1820	415	2235
АКНМ/№19	400	1,0:0,2:0,5		1.39	2,23	9.03	3216	2830	1573	900				
АКНМ/№18	400	1,0:0,2:0,5		1.46	2.48	12.1	2367	1903	1238	617				
АКНМ/№18	120	1,0:0,2:0,5					937	640	255					
АКНМ/№18	120	1,0:0,2:0,5	H_2S				530	379	283					
АКНМ/№15	400	1,0:0.2:0.3	Дизельной фракцией	1.47	2.50	12.3	2242	1682	1165	562				
АКНМ/№15	150	1,0:0.2:0.3		1.47	2.50	12.3	2868	2150	1430					
АКНМ/№15	150	1,0:0.2:0.3	H_2S	1.47	2.50	12.3	530	378	286					
АКНМ/№20		9:0:1	Дизельной фрак. фрфракцией	1.49	2.49	12.2	5442	4352	3123	1644 N-0.045 Й.ч.-0.2	5835 N-0.120 Й.ч.-0.3	4889 N-0.113 Й.ч.-0.2	1704 N-0.075 Й.ч.-0.1	5987 N-0.125 Й.ч.-0.3

O método de síntese e o teor próximo de metais activos tiveram um efeito positivo na estabilidade dos catalisadores em condições de hidrotratamento. Os testes de uma série de catalisadores de acordo com outro método acelerado, ou seja, em grão fino (1,0-1,5 mm) e alta velocidade volumétrica (6,0h$^{-1)}$ à temperatura de 300°C e pressão de 3 MPa revelaram que a estabilidade muda na série: AKNM-3/5> AKM> AKNM-4/11≥ ANM-2/3> AKNM-4/16.

O catalisador desenvolvido AKNM-3/5 foi testado a longo prazo na instalação-piloto em condições moderadas de processo de hidrotratamento, próximas das utilizadas na unidade industrial de hidrotratamento de petróleo G-24 da Refinaria de Petróleo de Fergana (Quadro 5.4). Verificou-se que, durante 1000 horas de ensaio, a queda de pressão na camada de catalisador não aumentou, as flutuações do teor de enxofre no hidrogenisado da matéria-prima residual desasfaltada situaram-se na gama de 0,50 - 0,52 % e a cor de 5,2 a 5,3 unidades. CNT. Verificou-se experimentalmente que a estabilidade do catalisador desenvolvido aumenta no caso da utilização de uma camada protetora [250; C.40, 251; C.314], ao mesmo tempo que a qualidade do hidrogenisado é melhorada. As principais caraterísticas físicas e químicas do hidrogenisado corresponderam bastante aos parâmetros necessários para a produção de óleos de base.

Foi elaborada a tecnologia de produção do catalisador trimetálico ótimo AKNM-3/5 em equipamento industrial de acordo com o esquema proposto (Fig. 3.6) e foram desenvolvidas as normas tecnológicas-piloto para a produção do catalisador AKNM-3/5 para o hidrotratamento do petróleo em equipamento industrial da UzKFITI e as respectivas condições técnicas. Foi produzido um lote-piloto do catalisador e carregado no reator industrial (n.º R-2 de fluxo II) da unidade de hidrotratamento de petróleo G-24 da Refinaria de Fergana.

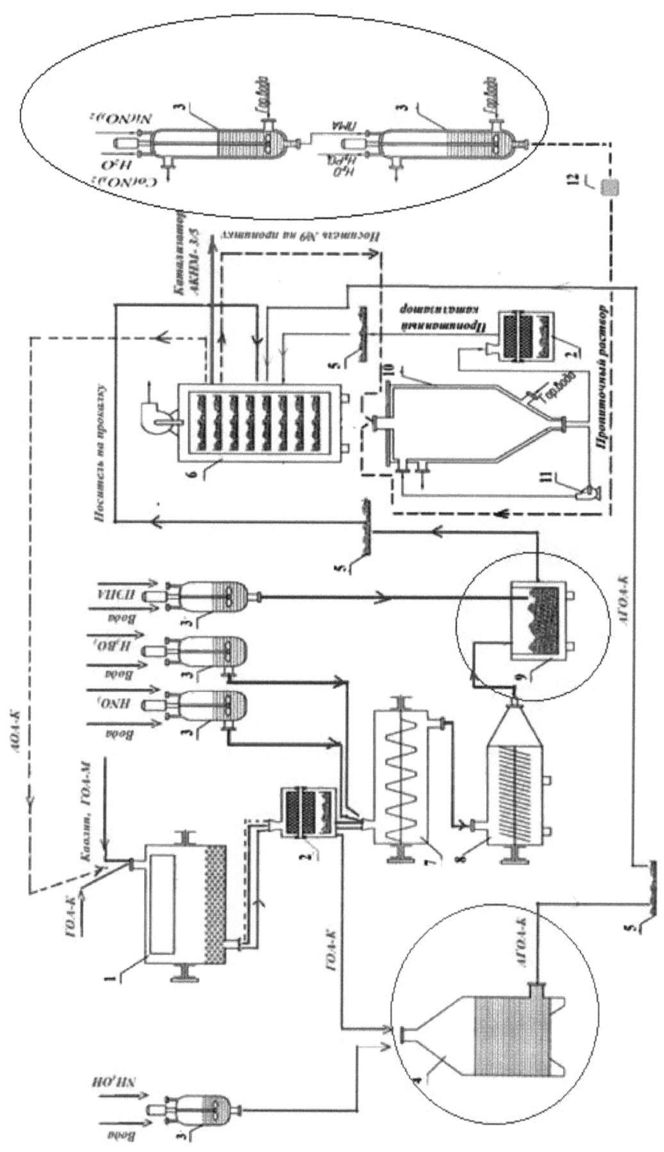

1-Moinho de bolas, 2-peneiras, 3-tanque de argamassa, 4-fogão, 5-assadeira, 6-forno de cozedura, 7-misturador, 8-extrusor, 9-tanque de modificador de textura, 10-impregnador, 11-bomba, 12-medidor de pH.

Fig. 3.6. Esquema tecnológico da produção de catalisador de cobalto-níquel-molibdénio para hidrotratamento de óleos AKNM 3/5

CAPÍTULO IV. TECNOLOGIAS DE SÍNTESE DE CATALISADORES TRIMETÁLICOS

§4.1 Interações dos sais de cobalto, níquel e molibdénio com o veículo no processo de síntese do catalisador

§4.1.1 Síntese de catalisadores

Como decorre da revisão da literatura acima, para obter combustíveis e óleos de alta qualidade, as fracções de óleo correspondentes são hidrotratadas a partir de compostos de enxofre e azoto em catalisadores Al-Co-Mo ou Al-Ni-Mo contendo 15-18 % de componentes activos, cujas caraterísticas físicas e químicas são estudadas em pormenor. No entanto, já foram registadas patentes para a preparação de catalisadores contendo simultaneamente três componentes activos: cobalto, níquel e molibdénio, combinando as propriedades positivas de ambos os tipos de catalisadores binários [183; 45-50, 228; P. 1,].

Em especial, para obter tais sistemas, propõe-se a utilização de catalisadores de aluminocobalto-molibdénio (ACM) regenerados termicamente ou de lamas de granulados provenientes de instalações de catalisadores ACM, que são utilizados como fonte de cobalto e parcialmente de molibdénio. O níquel e o molibdénio em falta são introduzidos por vários métodos na massa de moldagem que contém ACM triturado e hidróxido de alumínio fresco. A estrutura, a composição das fases, a morfologia e o tamanho dos agregados de metais activos nos catalisadores obtidos não são indicados. Entretanto, a atividade de hidrodeazotação e de hidrogenodessulfurização dos catalisadores depende da quantidade e da proporção dos componentes activos, do método da sua introdução, dos modificadores utilizados, etc. A dessulfuração profunda de fracções petrolíferas, dependendo da proporção de compostos de tiofeno e derivados alquílicos de dibenzotiofeno, requer a realização sequencial do processo em reactores com diferentes pressões parciais de hidrogénio, bem como a aplicação de catalisadores Co-Mo e Ni-Mo. Ao processar matérias-primas com predominância de sulfuretos de alquilo, mercaptanos e polissulfuretos de alquilo, a principal tarefa do hidrotratamento é a hidrodessulfurização. De acordo com a recomendação, Lulic P. [229; P. 585], é melhor colocar um catalisador de cobalto-molibdénio no leito principal (ou no primeiro reator ao longo do percurso). Quando é necessário hidrogenar ao máximo os hidrocarbonetos aromáticos e efetuar a desazotação, é melhor escolher o catalisador de níquel-molibdénio como leito principal. Aleksandrov P.V. e co-autores [230; P.7-8] sugerem que, para garantir a máxima eficiência do reator de leito combinado, o catalisador de níquel-molibdénio deve ser carregado na parte final do reator, com uma temperatura mais elevada favorável à hidrodeazotização. Recentemente, começaram a aparecer trabalhos que indicam a conveniência da investigação de catalisadores de acordo com o princípio "dois em um". Os catalisadores que combinam as propriedades positivas do cobalto e do níquel na composição de um catalisador multicomponente contendo molibdénio foram sintetizados por vários métodos [231; P.56-58, 232; P.139, 233; P.8311].

Testámos os seguintes métodos de aplicação de componentes activos à superfície de suportes de alumocaína para obter catalisadores trimetálicos de Co-Ni-Mo.

1 - impregnação dos suportes com metade da quantidade calculada de solução aquosa de paramolibdato de amónio, tratamento térmico intermédio a diferentes temperaturas e reimpregnação com uma solução conjunta de paramolibdato de amónio e nitratos de níquel e cobalto estabilizados com ácido fosfórico [234; P.126-127].

2 - impregnação dos suportes com uma quantidade calculada de solução aquosa de paramolibdato de amónio, tratamento térmico intermédio a diferentes temperaturas e reimpregnação com uma solução aquosa conjunta de nitratos de níquel e/ou de cobalto [217; P.142, 234; P.126, 235; P.111, 236; P.12, 237; P.122]. Na obtenção de catalisadores com um teor de MoO_3 superior a 10 %, foi adicionado ácido fosfórico à solução de paramolibdato de amónio.

3 - por impregnação simples com uma solução conjunta de paramolibdato de amónio e de nitratos de níquel e de cobalto estabilizados com ácido fosfórico e/ou cítrico [217; P.142,222; P.23,234; P.126-127, 236; P.12, 238; P. 42, 239; P.48-53, 240; P.104, 241; P.125].

4 - por co-extrusão de uma mistura de hidróxidos de alumínio adequados, caulino e uma solução conjunta de paramolibdato de amónio e de nitratos de níquel e de cobalto estabilizados com ácido fosfórico [218; P.45, 239; P.49].

Tendo em conta a moderada absorção de humidade dos transportadores sintetizados, bem como a reduzida solubilidade em água do para-molibdato de amónio produzido pela UzKTZhM JSC em Chirchik, foi utilizado ácido fosfórico para a preparação de soluções de impregnação concentradas. Sabe-se que quando os compostos de fósforo são introduzidos na solução de impregnação, esta tem um efeito estabilizador devido à formação de compostos heteropolíticos ao interagir com aniões molibdato. Como resultado, durante a impregnação, o transportador adsorve mais Ni(Co) e Mo, aumentando assim a atividade do catalisador, principalmente a desazotação [66; P.232]. A possibilidade de formação de compostos heteropolíticos em certas fases da produção de catalisadores por impregnação convencional também decorre de fontes da literatura [118; P.921,133; P.905,188; P.47]. Uma vez que a composição dos compostos heteropolíticos depende fortemente da proporção dos componentes, do pH da solução e das propriedades da superfície do suporte, prestámos especial atenção a este problema quando estudámos amostras de catalisadores e sistemas modelo. Por isso, envolvendo ativamente na discussão os resultados de estudos publicados sobre a composição e as propriedades físico-químicas de compostos heteropolíticos individuais, apresentamos em paralelo dados comparativos obtidos por nós em condições idênticas para amostras aplicadas e maciças. Para além dos catalisadores trimetálicos contendo molibdénio, cobalto, níquel e fósforo no suporte ideal n.º 9, ou no suporte n.º 8 e alguns outros, foram sintetizados sistemas modelo excluindo um ou mais dos componentes listados.

A primeira série de provetes foi obtida por dupla impregnação, com secagem intermédia e calcinação do produto intermédio para fixação térmica preliminar do primeiro metal aplicado. A ordem de aplicação foi variada. Por exemplo, para obter o catalisador trimetálico n.º 1-AKNM, em primeiro lugar uma solução aquosa de para-molibdato de amónio (amostra n.º 1 - AM) ao suporte n.º 9, depois, após um tratamento térmico intermédio, as pastilhas foram impregnadas com uma solução aquosa mista de nitratos de cobalto e de níquel, após o que as pastilhas foram submetidas a um tratamento térmico a 400 e 550°C. O catalisador (N.º 1-AKNM), após calcinação a 550°C, contém 10,5 % de óxido de molibdénio, 2 % de óxido de níquel e 1,5 % de de cobalto.

Para obter catalisadores da segunda série n.º 2 -AKNM-P, com o mesmo teor de metais de transição que o n.º 1-AKNM, mas com uma única impregnação, primeiro dissolveu-se uma determinada quantidade de para-molibdato de amónio em água, o pH da solução foi levado a +3 pela adição de ácido fosfórico. Em seguida, foram adicionadas soluções preparadas separadamente de nitratos de níquel e cobalto em água e a solução complexa obtida foi impregnada no transportador №8. O catalisador n.º 2-AKNM-R, obtido por impregnação simples, após calcinação a 550°C contém 10,5 % de óxido de molibdénio, 2 % de óxido de níquel, 1,5 % de óxido de cobalto e 2,0 % de óxido de fósforo. Sabe-se que a impregnação simples do suporte com uma solução, duas ou mais, de sais de metais de transição é muito utilizada e dá muito bons resultados. No entanto, há vários pontos a ter em conta na síntese. Trata-se do problema da solubilidade mútua dos sais em determinadas condições, da possibilidade de sorção de apenas um componente na ausência de sorção do outro, da deposição nos poros do suporte, em primeiro lugar, de pouca substância solúvel. O primeiro problema foi resolvido estabilizando a solução de impregnação com ácido fosfórico [217; P.143-144, 238; P.42]. A escolha do estabilizador foi condicionada pelo facto de a introdução de ácido ortofosfórico não só evitar a precipitação na fase de impregnação, mas também afetar diretamente as propriedades da superfície e determinar a estrutura da fase ativa aplicada devido à formação de compostos heteropolíticos. O papel dos compostos de fósforo na formação dos centros activos dos catalisadores de hidrotratamento não é óbvio e é ainda objeto de discussão [118; P.914, 131; P.41-42]. No entanto, a maioria dos autores considera indesejável a concentração de fósforo (em termos de P_2O_5) superior a 5 wt.%. Assim, para a estabilização de soluções conjuntas concentradas de paramolibdato de amónio com nitratos de níquel e/ou de cobalto, em várias experiências uma parte do ácido fosfórico foi substituída por ácido cítrico [222; P.23. 239; P.51, 240; P.104]. As cifras dos catalisadores preparados por impregnação de soluções estabilizadas apenas com ácido fosfórico contêm a letra "P", e as dos catalisadores preparados com uma mistura de ácido fosfórico e ácido cítrico são designadas por "P, Cit".

§4.1.2 Estudo termográfico dos catalisadores

A influência do estabilizador, ácido fosfórico, na interação das soluções de impregnação com a superfície do suporte é bem demonstrada pela análise térmica diferencial (DTA) [237; P.122-123]. As curvas DTA dos catalisadores AM secos obtidos por impregnação dos suportes (n.º 3, n.º 8 e n.º 9) com solução de paramolibdato de amónio são caracterizadas por: efeito endo profundo150°s causado pela remoção da água adsorvida e do amoníaco, e iões de amónio fracos e fortemente quimisorvidos. Na curva DTA (Fig. 4.1) dos catalisadores NA e AK secos obtidos por impregnação de suportes (№3, №8 e №9) com solução de nitrato de níquel ou cobalto, verificaram-se apenas efeitos endo a 145-150°C, causados pela remoção de água adsorvida e produtos de termólise de sais de ácido nítrico e acompanhados de perda de peso [84; P.162].

Se o GOA-M não calcinado fosse impregnado com nitrato de níquel, ou seja, se fosse modelado o método de co-extrusão, verificava-se uma clara diminuição dos efeitos endotérmicos da decomposição da pseudobemite e da bemite na região de 340-500°C, em comparação com o GOA-M inicial, e surgia um pequeno efeito de exoeração a cerca de 230°C, atribuído, com base em dados da literatura, à formação de ligações Al-Ni- do precursor de espinélio de aluminoníquel de superfície. Se a co-extrusão do GOA-M e do nitrato de níquel fosse efectuada na presença de ácido fosfórico, o exo-efeito a 230°C não aparecia.

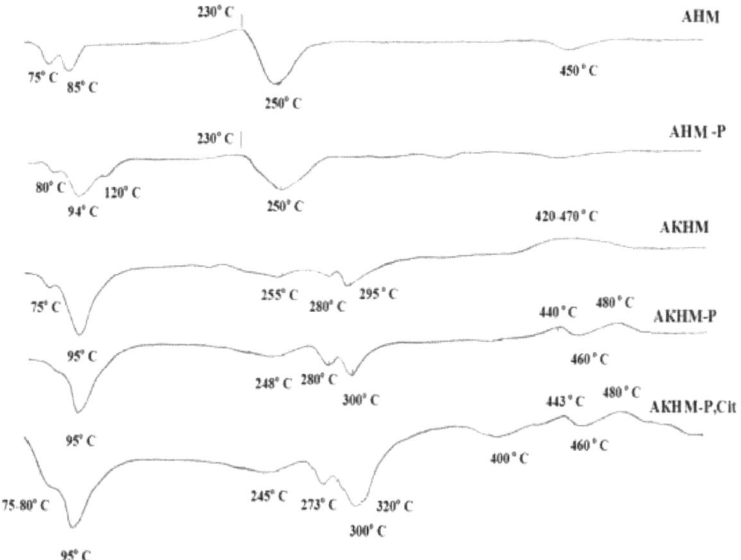

Figura 4.1. Curvas DTA de catalisadores secos em banho de água de diferentes composições.

Comparando as curvas DTA (Fig. 4.1) dos catalisadores secos em banho-maria obtidos por co-extrusão de GOA-M e caulino com soluções de nitrato de níquel e paramolibdato de amónio (ANM) ou a sua solução conjunta com ácido fosfórico (ANM-P), verifica-se o desaparecimento quase completo do efeito exo a 230-250ºC no caso da utilização do estabilizador da solução conjunta.

As curvas DTA dos catalisadores NiO (2%)-MoO_3(10,5 %) nos suportes n.º 3, n.º 8 e n.º 9 (não indicado), tanto em impregnação dupla (ANM) como simples (ANM-P e ANM-P, Cit) mostraram efeitos térmicos menores a 120, 180 e 250-280ºC. Estes efeitos devem-se à separação da água e do amoníaco e à formação de novas ligações químicas. Estes efeitos térmicos estão próximos termograma $(NH_4)_4[Ni(OH)_{(6)}Mo_6O_{18}]$-$5H_2O$ apresentado em [131;C.107], para a decomposição térmica de um composto individual - sal de amónio do heteropoliácido de níquel-molibdénio. Na curva DTA do $(NH_4)_{(4)}[Ni(OH)_{(6)}Mo_6O_{18}]$-$5H_2O$ comercial foram observados três picos endotérmicos fracos a 140, 210 e 300ºC, causados pela destruição das ligações existentes na molécula do heteropoliácido, seguida da libertação de água e amoníaco. De acordo com os dados apresentados no livro [84; P.163], a formação da fase $NiMoO_4$ é acompanhada por um efeito exotérmico a 280-300ºC.

Uma certa deslocação dos efeitos endotérmicos nas curvas DTA dos catalisadores ANM-P e ANM-P, Cit para a região de baixa temperatura pode dever-se à formação de estruturas superficiais Al-Ni-Mo. γNos termogramas de todos os catalisadores estudados registaram-se efeitos térmicos a alta temperatura a 750-860ºC, causados por transformações de fase - Al_2O_3. É de notar que o aparecimento de curvas DTA de catalisadores bimetálicos e trimetálicos secos ao ar indica a ocorrência paralela de ambos os processos térmicos com libertação de calor e a sua absorção na mesma gama de temperaturas de 200-300°C. De acordo com [131; P. 110-111], os efeitos endógenos a 280-300°C foram atribuídos à perda de água que entra em diferentes esferas da gama de compostos de coordenação do tipo molibdénio: Al - Mo, Ni -Mo, Co -Mo, Al - Ni - Mo, Al - Co - Mo e outros. Os compostos hidratados Ni -Mo, Co - Mo e Mo -P são formados na fase de preparação das soluções de impregnação e os compostos Al - Ni - Mo, Al - Co - Mo e Al - Co - Mo são o produto da sua subsequente interação com os grupos Al - OH do veículo. As reacções de compostos hidratados de soluções de impregnação com grupos hidroxilo superficiais foram ainda mais activas na fase de mistura durante a preparação de catalisadores por coextrusão [218; P. 142-143]. Esta interação manifesta-se por uma forte diminuição dos efeitos endotérmicos caraterísticos da decomposição da pseudobemite e da bemita na região de 340-507°C, bem como pelo aparecimento de novos efeitos exo- e endotérmicos a 277 e 287°C, correspondentes ao rearranjo dos complexos associados. A uma temperatura inferior, a água de cristalização da esfera de coordenação externa dos compostos heteropolíticos e dos molibdatos hidratados de cobalto e de níquel foi geralmente eliminada. A temperaturas próximas de 300$^{(o)o,}$ a chamada água "zeolítica" é removida da esfera de coordenação interna dos compostos heteropolíticos. O aparecimento de efeitos exo fracos a 440 - 480°C, mais pronunciados nos termogramas dos catalisadores NiO-MoO_3 (ANM-P e ANM-P, Cit) do que dos catalisadores CoO-NiO-MoO_3 (ACNM-P e ACNM-P, Cit) preparados por impregnação simples com soluções conjuntas, é caraterístico dos processos de rearranjo de ligações nos associados Ni - O - Mo, Co - O - Mo, Al - O - Mo, P - O - Mo, que fazem parte dos heteropoliânions correspondentes. A baixa intensidade dos picos deve-se ao facto de algumas das ligações em heterocianiões de compostos heteropolíticos serem quebradas, gastando energia, e a formação de novas ligações ser acompanhada, inversamente, pela libertação de energia [131; P.109]. Os exo-efeitos de 440 - 480°C não se manifestam no caso dos catalisadores CoO-MoO_3 (ACM-P e ACM-P, Cit), o que indica a labilidade térmica dos heteropolimolibdatos de cobalto, que, de acordo com dados da literatura, se decompõem já no tratamento térmico em torno de 300°C. Nos termogramas (Fig.4.1) das amostras dos catalisadores n.º 1 - AKNM e n.º 2 -AKNM-P secas num banho de água mostram claramente efeitos endógenos a baixa temperatura resultantes do desprendimento de água e amoníaco adsorvidos, bem como de água de cristalização dos monomolibdatos de níquel e cobalto hidratados, acompanhados de perda de peso. Os efeitos exotérmicos na região de 440-480°C, típicos das transformações térmicas de compostos heteropolíticos com a remoção de água da esfera de coordenação interna, são pouco visíveis no termograma do catalisador n.º 1-AKNM contra o fundo da curva DTA resultante da estratificação de uma série de processos térmicos que ocorrem com a absorção e libertação de calor nesta gama de temperaturas. A perda de peso quase impercetível neste intervalo de temperatura indica um baixo teor de água ligada. No caso dos catalisadores No.2 -AKNM-R e AKNM-R, Cit, os efeitos exo na região 440-480°C aparecem mais claramente (Fig.4.1). Estes picos nas curvas

DTA podem corresponder aos processos de rearranjo dos associados, acompanhados da quebra de parte das ligações Ni-O-Mo, Co-O-Mo, Al-O-Mo e P-O-Mo existentes, eventualmente incluídas na composição dos heteropoliânions (gasto de energia), e da formação de novas ligações (libertação de energia) [131; 105-106]. O aparecimento de um efeito exotérmico muito amplo, sem um máximo pronunciado na curva DTA do catalisador AKNM-P, Cit, deve-se à decomposição gradual do componente orgânico acompanhada de perda de peso.

§4.1.3 Análise dos catalisadores por métodos espectrais

As alterações na estrutura dos compostos de metais de transição no processo de obtenção de catalisadores por diferentes métodos também decorrem dos espectros de reflectância eletrónica difusa (ESDO) apresentados nas Figuras 4.2. e 4.3. As bandas de absorção a 26,72; 15,34 kcm^{-1}no ESDO dos catalisadores AN-P (Fig. 4.→→2 A) e AN-P, Cit seco num banho de água são caraterísticas dos iões de níquel em coordenação octaédrica e correspondem às transições electrónicas $^{3}A_{(2)(g)}$ $(^{3)}T_{(1)(g)}(P)$ e $^{3}A_{(2)(g)}$ $^{3}T_{(1)(g)}(F)$[161;P. 1514-1515]. O ligeiro deslocamento das bandas de Ni^{2+}_{Oh}, relativamente à posição das bandas nos aquacomplexos de níquel (Fig. 4.3, B), deve-se à incorporação de ligandos de alumina na superfície do portador na esfera de coordenação dos iões de níquel. Na ESDO da amostra de NA seca ao ar, prevalecem as bandas de absorção caraterísticas dos iões $Ni^{2+}_{(Td)}$15,7 e 16,6 kcm^{-1} (Fig. 4.2 A) descritas em [112; P. 187, 218; P. 50].

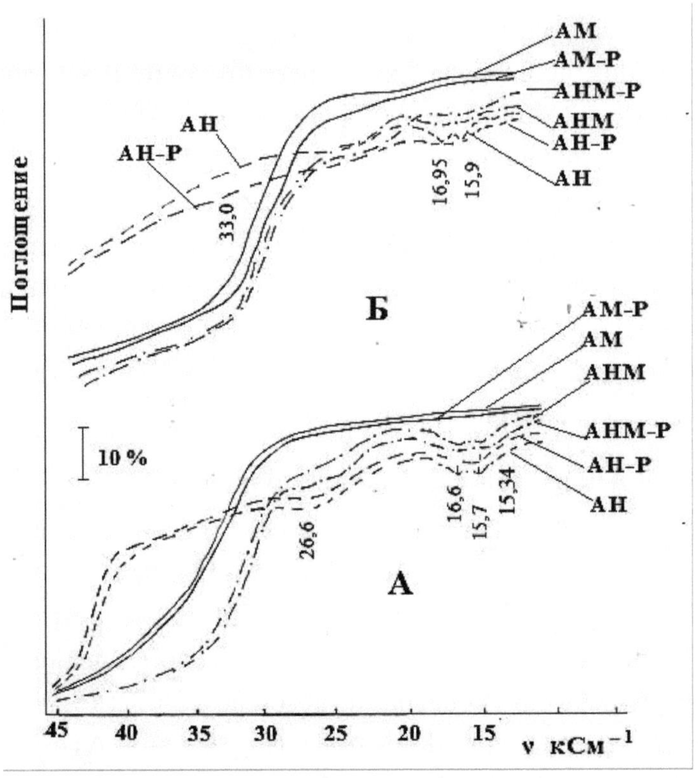

Fig.4.2 Espectros electrónicos de reflexão difusa dos catalisadores sobre o portador n.º 8. A - secagem ao ar, B - calcinação a 550ºC.

ººApós calcinação a 400 C, e ainda mais a 550 C, os espectros dos sistemas Al-Ni mostram bandas a 16,95 e 15,90 kcm^{-1} caraterísticas dos iões Ni$^{(2+}$$_{)(Td)}$ na estrutura de espinélio $NiAl_2O_4$, mas a sua intensidade é menor nos espectros de AN-P, Cit e AN-R (Fig. 4.2 B). Assim, os compostos superficiais de fósforo formados no portador n.º 8 e outros impedem a formação de estruturas de espinélio em massa, o que está de acordo com os dados da literatura para sistemas preparados sobre óxido de alumínio na ausência de caulino [110; P.1267, 112; P.192]

Quando se aplica nitrato de cobalto a partir de uma solução aquosa (catalisador AK) ou de uma solução aquosa de ácido fosfórico (catalisador AK-P) ao veículo n.º 9, bem como na presença de ácidos fosfórico e cítrico, ocorrem processos semelhantes. Embora os compostos de cobalto com o suporte não apareçam nos padrões de difração de raios X das amostras com baixo teor de CoO (1,5%), no entanto, estas estruturas são claramente identificadas nos espectros electrónicos (Fig. 4.3).

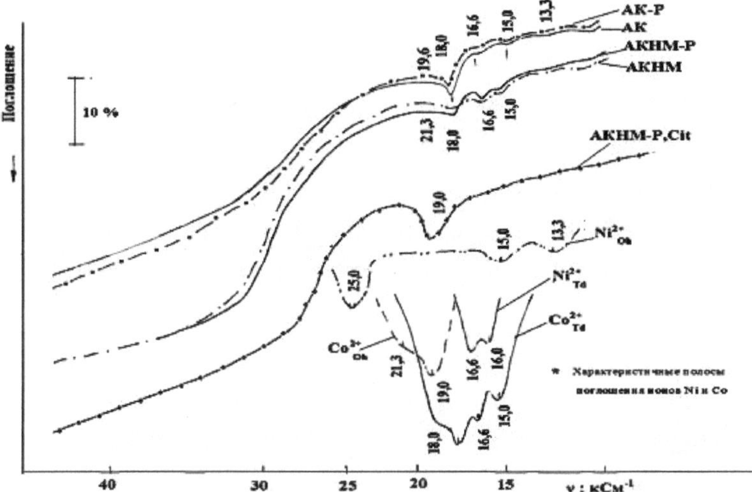

Figura 4.3. Espectros de reflectância por difusão de electrões dos catalisadores calcinados a 550°C AKNM-P, catalisador Cit seco a 120°C.

Já no processo de impregnação e secagem, as bandas 19,5 e 21,3 kcm^{-1} específicas para iões Co$^{(2+}$)coordenados octaedricamente no sal inicial $Co(NO_3)_2{\cdot}6H_{(2)}O$ desaparecem quase completamente· Em vez disso, surge um novo sistema de bandas de absorção. Uma banda a cerca de 6,0 kcm^{-1} e um tripleto com máximos a 15,0, 16,6 e 18,0 kcm^{-1} dos iões Co$^{(2+}$)$_{(Td)}$ [236; P.12-13]. A banda fraca a 10,3 kcm^{-1} pode pertencer aos iões $Co^{(2+}{}_{)(Td)}$ e $Co^{(3+}{}_{)(Oh)}$. Devido à instabilidade térmica, os aquacomplexos adsorvidos de iões $Co^{2+}{}_{Td}$ decompõem-se, preservando a coordenação tetraédrica, independentemente da presença de H_3RO_4.

Na ESDO das amostras obtidas por impregnação de suportes de caulino de alumina com soluções de paramolibdato de amónio estabilizadas com ácido, o nível de absorção na região de 33,0 kcm^{-1} aumenta em comparação com o das soluções aquosas impregnadas (Fig. 4.2.A). Esta deslocação do limite da banda de transferência de carga do Mo^{6+} indica um maior grau de polimerização dos iões MoO_4^{2-} ligados à superfície do AM-P,Cit e AM-P em comparação com o AM obtido ausência de estabilizadores ácidos da solução de impregnação. No suporte n.º 19, a presença de $[Si(Mo_{12}O_{40}]$ é fixa e, na calcinação de amostras de catalisadores contendo molibdénio, manifesta-se espectralmente uma mistura de iões de molibdénio isolados e iões polimolibdatos, estando as primeiras estruturas firmemente fixadas na superfície do suporte por ligações Al-O-Mo.

Assim, nos espectros Raman (CR) da amostra AM, predominou uma banda larga a cerca de 915 cm^{-1} caraterística dos iões MoO_4^{2-}[84; P.142]. No espetro Raman da amostra AM-P, pelo contrário, a banda a 950 cm^{-1} caraterística dos iões $Mo_7O_{24}^{6-}$ era predominante, e a banda de 915 cm^{-1} aparecia como um ombro no seu fundo.

Esta conclusão é confirmada pelos resultados da extração selectiva de compostos de molibdénio de uma série de catalisadores de acordo com o procedimento apresentado em [112; P. 186-190]. Com um teor próximo de molibdénio ($\approx$ 12 % em peso de MoO(3)) e o mesmo veículo. A quantidade de molibdénio extraível com água (ou seja, fracamente ligado ao transportador) é ligeiramente superior no caso do catalisador №2-AM-P/#9 (9,65% em peso de MoO_3)), de acordo com o método apresentado em [112; P 186-1]. MoO_3)), comparação com #1-AM-R/#9 (6,43% em peso de MoO_3)). MoO_3)). Aumenta 7,13% em peso de MoO(3)), a 7,13% em peso de MoO(3)). MoO_3)), quando transferido para uma amostra semelhante de AM-P, Cit/#9, mas obtida por impregnação simples com uma solução estabilizada com uma mistura de ácidos fosfórico e cítrico. As ESDO na região espetral do ultravioleta 29,4-33,3 kcm^{-1} (Fig. 4.2) dos catalisadores AM e AM-P apenas confirmam os dados conhecidos sobre a predominância de molibdénio coordenado octaedricamente nas amostras estudadas, mas não permitem distinguir o molibdénio coordenado octaedricamente nos compostos isopolíticos do $Mo^{6+}{}_{Oh}$ no óxido de molibdénio. Para comprovar a formação de isopolimolibdatos nos catalisadores por nós estudados, foram tomados os espectros de absorção UV dos extractos aquosos e amoniacais (Fig. 4.4) obtidos no processo de extração selectiva dos compostos de molibdénio dos catalisadores AM e AM-P. A presença de bandas de absorção a 48,0 e 43,5 kcm^{-1}nos espectros dos extractos aquosos e amoniacais de ambas as amostras provou a presença de molibdénio coordenado tetraedricamente nos catalisadores.

A manifestação de uma banda mais intensa 41,0xm^{-1} no espetro do extrato aquoso de AM-P, em comparação com AM, de acordo com fontes da literatura, indicou uma maior concentração de isocianiões de molibdénio quando os suportes foram impregnados com uma solução com um valor de pH baixo.

A partir de uma série de trabalhos do VNIINP dedicados ao estudo dos catalisadores de hidrodessulfurização e sistematizados no livro de Chukin G.D. [84; P.163-173], sabe-se que, durante a preparação de catalisadores de aluminoníquel-molibdénio por co-precipitação, se formam estruturas de superfície que podem existir sob a forma de associados de níquel-molibdénio, incluindo grupos OH^-, catiões de amónio e aniões nitrato, e que estes associados se caracterizam por uma fraca interação com o portador. Realização de experiências semelhantes, ou seja, combinação de termografia, espetroscopia eletrónica e CR com o método de extração selectiva de $Mo^{6+}{}_{Oh}$, $Mo^{(6+})_{(Td)}$, $Ni^{(2+)}{}_{(Oh)}$, $Ni(^{2+})_{(Td)}$, $Co(^{2+)}{}_{(Oh)})$ e $Co(^{2+)}{}_{(Td)}$, aplicadas aos catalisadores por nós sintetizados, permitiram comprovar a formação de estruturas onde os iões molibdénio estão associados a catiões de metais de transição e/ou catiões de alumínio de superfície. Uma vez que a mesma série de bandas de absorção foi observada no espetro do catalisador seco em banho de água №1-ANM, obtido por impregnação sucessiva do suporte № 9 com solução aquosa de molibdato de amónio e nitrato de níquel com fixação térmica intermédia de iões de molibdénio, é possível assumir a formação de estruturas semelhantes no sistema estudado. A formação de complexos de óxidos mistos de superfície semelhantes pode ser avaliada pela deslocação da banda $Ni^{2+}{}_{Oh}$no sistema aluminoníquel de 26,8 kcm^{-1}para 24,5 kcm^{-1} no catalisador n.º 1 -ANM, que se deve à introdução de aniões $[MoO_4]^{2-}$ na esfera de coordenação dos iões $Ni^{(2+})$. Os parâmetros do espetro são próximos dos do espetro de $NiMoO_4$ com bandas caraterísticas a 24,0 e 13,0 kcm^{-1} (Fig.4.2). De acordo com os resultados da extração selectiva de níquel e molibdénio, quando se utiliza para a síntese o portador n.º 9 contendo AOA-K e tratado com modificador de textura, a quantidade de estruturas de Mo e Ni extraídas do catalisador por solução aquosa de amoníaco aumenta para 2,2% de MoO_3 e 0,03% de NiO em relação ao inicial. Para os catalisadores nos suportes #1-#4 (Tabela 3.2), este valor foi apenas 0,6 % MoO_3, e os iões de níquel não foram detectados nos extractos aquosos de amoníaco. Ou seja, observou-se um aumento da quantidade de compostos como o molibdato de alumínio de superfície e o aluminato de níquel - os mais activos na quebra de ligações C-S.

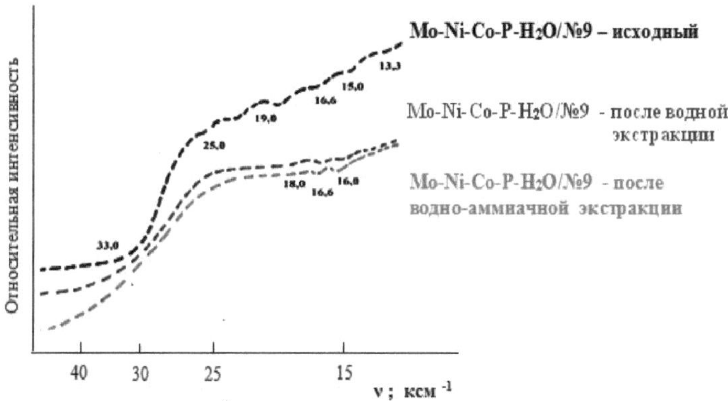

Figura 4.5. Manifestação da remoção de estruturas com iões de metais de transição dos catalisadores no processo de extração selectiva (espectros de reflectância difusa de electrões).

Nos espectros electrónicos do catalisador №2-ANM-P, preparado por impregnação de um estágio do portador №8 com uma solução complexa de sais de níquel e molibdénio estabilizada por ácido fosfórico, a intensidade das bandas de iões coordenados octaedricamente de níquel, em 27,0 -24,0 e

15,4-13,0 kcm^{-1}, e molibdénio na região de 35,0-32.0 kcm^{-1}, em comparação com o catalisador №1-ANM, preparado por impregnação dupla sem ácido fosfórico (Fig. 4.2), ou seja, na presença de ácido fosfórico houve um aprofundamento da interação entre os aquacomplexos de níquel e molibdénio com a formação de associados de superfície hidroxilados aluminoníquel-molibdénio [218;P.50]. Ao mesmo tempo, não se pode excluir completamente a possibilidade de uma interação concorrente do ácido fosfórico com o suporte, quando os fosfatos de alumínio pouco solúveis filtrarão os centros de superfície do suporte, impedindo a interação dos compostos de níquel e molibdénio com os grupos hidroxilo do óxido de alumínio, criando assim condições favoráveis à sua reação entre si.

Verificámos que os espectros dos catalisadores trimetálicos em todos os suportes estudados eram caracterizados por uma abundância de bandas de absorção e pontos de inflexão. Uma série de bandas 27-23, 21.0, 19.2 e um ponto de inflexão em torno de 13.0 kcm^{-1} nos espectros electrónicos indicaram a formação de molibdatos de cobalto e níquel. A elevada extinção das bandas tripletas de Co_{Td}^{2+} a 15,0, 16,6 e 18,0 kcm^{-1} que se sobrepõem às bandas de absorção caraterísticas dos iões $Ni_{(Td}^{)(2+)}$ (16,8 e 15.8 kcm^{-1}), $Co_{o(h)(}^{2+})$ (19,0 kcm^{-1}) e $Ni_{(o)(h)}^{2+}$(15,0 kcm^{-1}), não permitiram uma avaliação inequívoca da proporção de iões coordenados octaedricamente e tetraedricamente. Mas o desaparecimento da banda de absorção do $Mo^{(6+}{}_{)(Oh)}$ a 41,0 kcm^{-1}, caraterística dos isopolimolibdatos e aluminomolibdatos de níquel fracamente ligados à superfície, enquanto a intensidade das bandas de 48,0 e 43,5 kcm^{-1} nos espectros dos catalisadores, após extração selectiva com água, atesta a predominância de iões molibdénio coordenados tetraedricamente. O estudo do estado dos componentes activos, tanto nos catalisadores iniciais como após a separação dos fracamente e fortemente ligados à superfície dos compostos metálicos aplicados, mostrou que após a extração com água e, em maior grau ainda, com água-amoníaco, a intensidade das bandas de absorção 34,0-33,3 kcm^{-1}, que poderiam ser atribuídas a estruturas polimolibdadas superficiais, diminuiu no ESDO.

Isto aplica-se em menor grau, aos iões de níquel em coordenação octaédrica na estrutura dos molibdatos de níquel e dos associados de níquel-molibdénio (bandas mal resolvidas na região de 23,0-27,0 e 14,0-12,0 $kcm^{-1)}$. O espetro com uma banda larga não resolvida na região de 18,3-15,8 kcm^{-1}, que é provavelmente uma sobreposição de bandas dos iões $Ni^{(2+}{}_{)(Td}{}^{)}$e $Co^{(2+}{}_{)(Td}{}^{)}$, muda ligeiramente, a absorção nesta região aumenta ligeiramente e as bandas correspondentes aos associados de níquel-molibdatos, pelo contrário, diminuem. É caraterístico que, na extração selectiva por água, o grau de extração do cobalto dos trimetálicos dos suportes n.º 3 e n.º 5 seja muito mais elevado do que o do níquel. No caso dos catalisadores nos suportes n.º 8 e n.º 9, observou-se a situação oposta. A presença de dobras nas regiões 27-23 e 17-13 kcm^{-1} não contradiz, mas também não prova, a formação de associações -Al-O-Ni-O-Mo- e -Al-O-Co-O-Mo- [218; P.50]. Após hidrólise alcalina em solução de amoníaco, tanto o níquel como o cobalto foram extraídos em pequenas quantidades, em contraste com o molibdénio (Tabelas 4.1, 4.2) [234; P.127-128]. Após a conclusão da extração com água e amoníaco, as dobras na região 27-23 e 17-13 kcm^{-1} dos espectros electrónicos deixaram de ser observadas, devido à remoção das estruturas associadas da superfície dos catalisadores.

Um aumento nítido da quantidade de molibdénio, alumínio e fósforo extraídos com uma solução aquosa de amoníaco num único método de impregnação, em comparação com as outras variantes, indica a participação ativa dos grupos hidroxilo do transportador na formação de associados mistos suficientemente ligados à superfície dos transportadores (quadros 4.2) [239; P.51].

Таблица 4.1

Влияние способа синтеза на силу связи активных компонентов с поверхностью катализаторов, по результатам селективной экстракции соединений Mo, Co и Ni

Способ	Состав пропиточных растворов (нитрат никеля – Ni; нитрат кобальта – Co; пара-молибдат аммония – Mo; фосфорная кислота – P; лимонная кислота – cit) при различных способах нанесения активных металлов	Темпе-ратура про-калки; °C	Количество элементов последовательно экстрагированных H_2O и NH_4OH; %					
			Водой (слабо связанные)			Водным раствором аммиака (прочно связанные)		
			Mo	Ni	Co	Mo	Ni	Co
MoO_3 (12-12.5%) CoO(2.5-2.6%) NiO(1.4-1.5%)								
Соэкс-трузия и	0.5 $Mo\text{-}H_2O$ и $Mo\text{-}Ni\text{-}Co\text{-}P\text{-}H_2O$/№9	200/550	3.82	4.65	7.56	8.55	0	0
	0.5 $Mo\text{-}H_2O$ и $Mo\text{-}Ni\text{-}Co\text{-}P\text{-}H_2O$ /№9	110/550	2.05	4.08	6.45	8.87	0.02	0.04
	0.5 $Mo\text{-}H_2O$ и $Mo\text{-}Ni\text{-}Co\text{-}P\text{-}H_2O$/№7 АКНМ-4/11)	550/550	1.89	5.03	7.48	10.2	0	0
Соэк стру-	ГОА-М и $Mo\text{-}Ni\text{-}Co\text{-}P\text{-}H_2O$	550	6.4	3.86	8.64	11.7	0.26	0.26
	ГОА-К и $Mo\text{-}Ni\text{-}Co\text{-}P\text{-}H_2O$	550	10.8	7.11	18.1	74.5	1.23	0.13
MoO_3 (9-10 %) CoO(2.5-2.6%) NiO(1.4-1.5%)								
Двукратная пропитка	$Mo\text{-}H_2O$ и $Ni\text{-}Co\text{-}H_2O$/№9	550/550	1.77	1.82	5.33	2.56	0.01	0
	$Mo\text{-}H_2O$ и $Ni\text{-}Co\text{-}H_2O$/№7	550/550	1.65	1.93	4,40	3,05	0,03	0.04
	$Mo\text{-}H_2O$ и $Ni\text{-}H_2O$/№9 (АНМ)	550/550	1.82	2,04	-	2.17	0.03	-
	$Mo\text{-}H_2O$ и $Co\text{-}H_2O$/№9 (АКМ)	550/550	1.91	-	3,56	2.88	-	0.09
	$Mo\text{-}H_2O\text{-}P$ и $Co\text{-}Ni\text{-}H_2O$/№9	400/550	4.13	1.78	8.22	10.8	0	0.03

Таблица 4.2

Влияние носителя на силу связи активных компонентов с поверхностью катализаторов: MoO_3 (12,0-12,5%) CoO(2,5-2,6%) NiO(1,4-1,5%), полученных однократной пропиткой, по результатам селективной экстракции соединений Mo, Co и Ni

Состав пропиточных растворов (нитрат никеля – Ni; нитрат кобальта – Co; пара-молибдат аммония – Mo; фосфорная кислота – P; лимонная кислота – cit) при различных способах нанесения активных металлов	Температура прокалки; °C	Количество элементов последовательно экстрагированных H_2O и NH_4OH; %					
		Водой (слабо связанные)			Водным раствором аммиака (прочно связанные)		
		Mo	Ni	Co	Mo	Ni	Co
Mo-Ni-Co-P-H_2O/№3 АКНМ 4/16	550	10,9	7,34	18,0	37,8	0,23	0,72
Mo-Ni-Co-P-H_2O/№5 (АКНМ)	550	12,8	10,2	21,4	33,4	0,32	0,75
Mo-Ni-Co-P-H_2O/№8 (АКНМ 4/11)	550	14,6	40,2	23,7	29,2	0,07	0,63
Mo-Ni-Co-P-H_2O/№9 (АКНМ 3/5)	550	19,3	50,3	30,6	25,6	0,03	0,72
Mo-Ni-Co-P-H_2O/№9 (АКНМ 4/16)	400	20,5	52,4	34,4	25,8	0,02	0,60
Mo-Ni-Co-P-H_2O/№9 (АКНМ-3/5)	150	23,8	52,6	34,9	26,0	0.06	0,65
Mo-Ni-Co-P-cit -H_2O/№9 (АКНМ-3/5)	400	24,3	53,8	35,2	26,3	0,11	0,17
Mo-Ni-Co-P-cit -H_2O /№9 (АКНМ-3/5)	150	26,8	54,2	36,9	26,7	0,15	0,23
Mo-Ni-Co-P -H_2O/ № 15	400	40,6	62,3	68,2	14,9	12,9	1,20
Mo-Ni-Co-P-cit-H_2O/№9; (АКНМ-2/9) MoO_3 (17.5%) CoO(4,19%) NiO(1.7%)	400	10,9	7,34	18,0	37,8	0,23	0,72

Os resultados obtidos sobre o estado dos metais de transição nos catalisadores investigados, no exemplo da amostra Mo-Ni-Ci-Co-P-H_2O/#9, foram confirmados pelos dados de espetroscopia CR (Fig. 4.6)

No espetro da amostra inicial foi observada uma série de bandas parcialmente sobrepostas: as bandas mais intensas - correspondentes aos iões de níquel e cobalto na estrutura dos molibdatos normais (965, 955, 910, 834, 400 $cm^{-1)}$, as mais fracas do polianião $Mo_7O_{24}^{(6-}$) $^{(}$950, 570, 360 e 220 cm^{-1}) e dificilmente perceptíveis do anião $MoO_4^{(2-)}$ $^{(}$910 e 320 cm($^{-1)}$) [84; C.142].

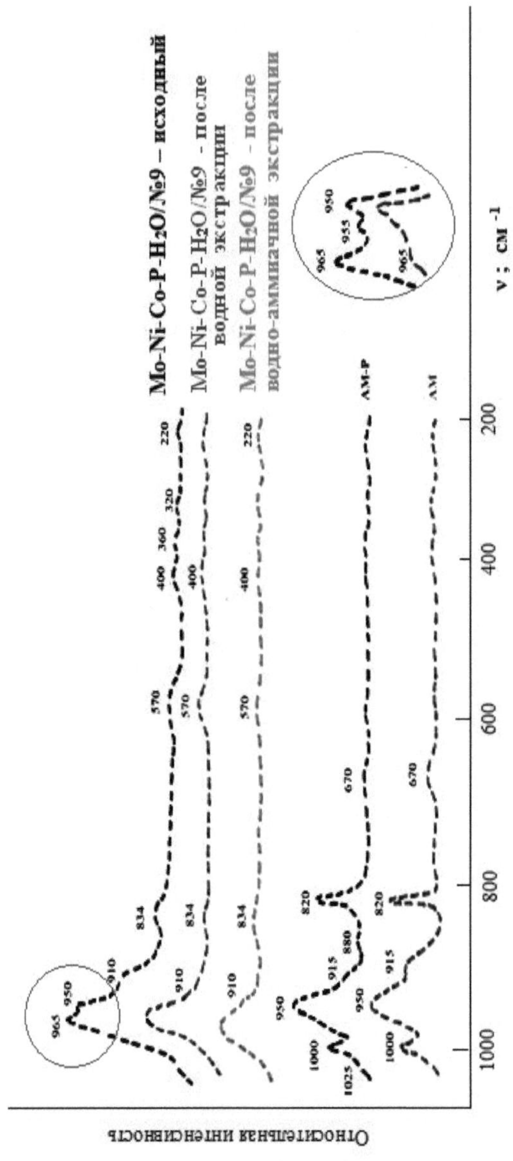

Figura 4.6. Manifestação da remoção de estruturas com iões de metais de transição dos catalisadores no processo de extração selectiva (espectros Raman).

Após a extração aquosa de molibdatos fracamente ligados à , a intensidade das bandas da primeira série diminuiu especialmente. A extração com água e amoníaco diminuiu em maior grau a intensidade das bandas de absorção caraterísticas dos polianiões de molibdénio fortemente ligados à superfície do suporte.

Nos espectros de infravermelhos, a posição de um conjunto de bandas de absorção na região 950-880 cm^{-1} correspondente a ligações cis-MoO_2-, juntamente com bandas de absorção na região 650-450 cm^{-1} atribuídas em [113; P.154] a ligações M-O-M em ponte (Fig. 4.6), também indicaram inequivocamente a presença de molibdatos na composição dos catalisadores, incluindo os polimerizados

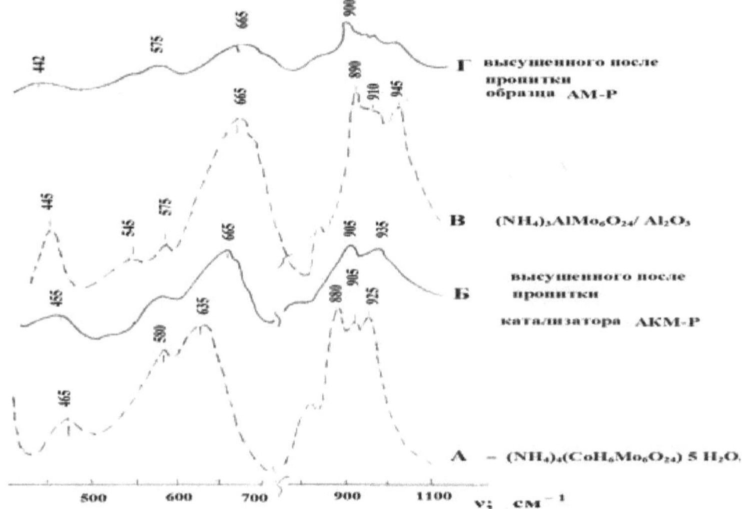

Figura 4.6. Espectros de IV dos catalisadores AM-P e AKM-P secos e dos compostos heteropolíticos (espectros A e B - dados da literatura).

A partir da comparação dos espectros de IV dos catalisadores AM-P, AKM-P (Fig. 4.6), ANM e AKNM secos com os dados da literatura para alguns compostos heteropolíticos individuais e revestidos com Al_2O_3, é possível concluir que existe uma elevada probabilidade de formação de compostos heteropolíticos de molibdénio com o catião alumínio como átomo central. Uma vez que os espectros de IV dos catalisadores apresentam bandas de absorção claramente visíveis, caraterísticas do produto da interação do paramolibdato de amónio com grupos hidroxilo associados catiões de alumínio de superfície a valores de pH baixos - $(NH_4)_3AlMo_6O_{24}/Al_2O_{(3)}$[113; P.153]

Como foi estabelecido por estudos espectrais de compostos heteropolíticos da 6ª fila com estrutura de Anderson, a posição das bandas nos espectros de IV muda especificamente dependendo do átomo central (Co, Al, Ni, etc.) na estrutura da molécula. A comparação dos espectros de IV obtidos dos catalisadores secos com os espectros de IV indicados na literatura para alguns compostos heteropolíticos e catalisadores neles baseados revelou apenas bandas muito fracas que poderiam ser atribuídas a heteropolimolibdatos de cobalto ou níquel

§4.1.4 Exame dos catalisadores por análise de fase de raios X

Os difractogramas dos catalisadores ACNM trimetálicos (Fig. 4.7), bem como dos catalisadores bimetálicos ACM e ANM, têm reflexos claramente definidos que correspondem aos parâmetros de rede dos componentes portadores: γ-Al_2O_3 e quartzo impuro no caulino. As estruturas resultantes com iões metálicos activos são amorfas por raios X e aparecem sob a forma de um halo não simétrico

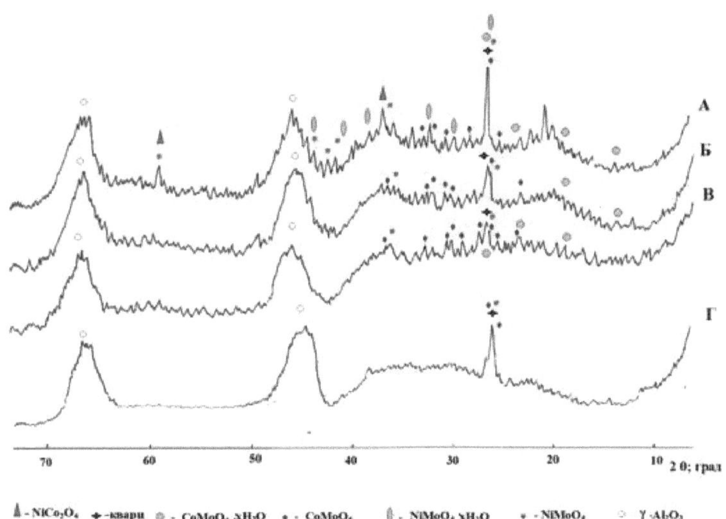

Impregnação com soluções estabilizadas;
A-amoníaco por impregnação simples (pH 10) com ácido fosfórico:
B-impregnação simples (pH 2-3),
B-dupla impregnação (pH 2-3);
D - com uma mistura de ácidos cítrico e fosfórico (pH 2-3).

Fig.4.7 Difractogramas dos catalisadores AKNM calcinados a 400°C

As galgas comparativamente largas da região das distâncias interplanares 5,2 - 2,2 Å podem indicar a presença de compostos de superfície com iões de molibdénio, níquel, cobalto, alumínio e fósforo, mas não é possível especificar estas fases e obter informações sobre a sua proporção. As fases volumétricas de tipo espinélio não são difractadas de forma inequívoca pelos raios X, embora a forma dos máximos de difração possa indicar a sua presença, que não é claramente observada devido à sobreposição de picos. O contorno de halo suavizado no difractograma do catalisador AKNM-P, cit indica um estado altamente disperso dos compostos de molibdénio, cobalto e níquel, em comparação com os catalisadores AKNM-P, também preparados por impregnação simples. A análise dos difractogramas dos catalisadores preparados por impregnação simples com uma solução de componentes activos estabilizada com ácido fosfórico ou uma mistura de ácidos, calcinados a diferentes temperaturas, mostrou que até uma temperatura de 400°C a fase MoO_3 estava ausente ou num estado altamente disperso. Esta conclusão também decorreu da análise dos espectros CR, onde a banda caraterística de 820 cm^{-1} não foi observada. A dispersão dos precursores bimetálicos $NiMoO_4$ e $CoMoO_4$ também está praticamente concluída nesta gama de temperaturas. A calcinação a uma temperatura mais elevada conduziu à formação da fase cristalina de MoO_3 em excesso relativamente à estequiometria dos molibdatos de cobalto e de níquel (Tabela 4.3).

§4.2 Efeito do método de introdução dos componentes activos na estrutura dos centros activos

A fim de compreender a essência dos processos que ocorrem durante a síntese de catalisadores complexos, deter-nos-emos em pormenor nos resultados dos estudos de sistemas-modelo semelhantes obtidos por evaporação de soluções de impregnação. A partir de fontes bibliográficas [114; P.456, 133; P. 908] sabe-se que, na fase de preparação das soluções de impregnação, os compostos de molibdénio se encontram mais frequentemente sob a forma de polianiões. O grau de polimerização e a probabilidade de formação de heteropolimolibdatos com metais de transição do grupo VIII na solução de impregnação dependem de muitos factores. O mesmo se aplica às alterações na estrutura dos poli-compostos de molibdénio durante a interação com vários transportadores e a sua génese durante o tratamento térmico. Sabe-se que o princípio geral da síntese de heteropoliácidos individuais é a acidificação de soluções aquosas de oxoaniões monoméricos até um determinado valor de pH, seguida da separação de polianiões sob a forma de sais de misturas estequiométricas acidificadas de componentes por vários métodos. De grande importância é a concentração e a ordem de adição dos reagentes, cuja alteração leva à formação de compostos com diferentes solubilidades e é acompanhada de precipitação, inadmissível na impregnação de suportes.

A fim de revelar a possibilidade de formação de compostos heteropolíticos no processo de síntese de catalisadores, foram obtidos difractogramas de raios X de sistemas modelo, evaporados e secos a 100-150°C, de soluções utilizadas para impregnação de suportes e contendo as mesmas concentrações de substâncias (Fig.4.8). Como se pode ver na figura 4.8, no difractograma da solução evaporada de paramolibdato de amónio com adição de ácido fosfórico, as fases cristalinas não aparecem [243; P.194]. A forma de duas auréolas pronunciadas com máximos na região de 6,56 e 3,16 Å sugere a formação de uma mistura complexa constituída por polimolibdatos de amónio $(NH_4)_2OMo_{22}O_{66}$, $(NH_4)_2OMo_{14}O_{42}$, $(NH_{(4)})_{(6)}Mo_7O_{24}$ ácido molibdico NH_2MoO_4 e algum sal de amónio de heteropolibdato de fosforomolibdénio.

No difractograma da solução complexa evaporada de nitrato de níquel e molibdato de amónio para a preparação de ANM estabilizada por catalisador de ácido fosfórico, as fases cristalinas dos molibdatos de níquel normais hidratados

$NiMoO_4$-x$H_{(2)}O$ e x-NiOMo$O_{(3)}$-y$H_{(2)}O$ são sobretudo bem manifestadas. Os reflexos correspondentes ao heteropoliácido de fosforomolibdénio não aparecem. Os reflexos dos heteropolímeros $(NH_4)_3PO_{(4)}$-12Mo$O_{(3)}$-3H_2O e $(NH_{(4)})_3PO_{(4)}$-12Mo$O_{(3)}$4H_2O - da 12ª linha só se manifestam quando a concentração de ácido fosfórico na solução conjunta é aumentada para mais de 10%. No entanto, foram observadas as linhas correspondentes às distâncias interplanares do sal de amónio do heteropolimolibdataníquel - $(NH_4)_4[Ni(OH)_{(6)}Mo_6O_{18}]-5H_2O$, que em vários trabalhos é especialmente introduzido na composição de catalisadores de hidrotratamento para aumentar a atividade [135;P.254, 136;P.621]. A formação de heteropoliácidos neste sistema foi confirmada pela sua extração com éter após a acidificação preliminar das amostras com remoção de amoníaco. Durante o tratamento térmico da solução evaporada para o catalisador ANM, o composto $(NH_4)_4[Ni_{(}OH)_{(6)}Mo_6O_{18}]-5H_2O$ foi observado por nós radiograficamente apenas até uma temperatura de 350°C (Tabela 4.3 no apêndice.). Após a calcinação final do sistema catalisador a 550°C, o molibdato de níquel anidro ficou evidente nos difractogramas (Figura 4.9B) como uma série de reflexões de intensidade moderada com d = 3,68; 3,41; 3,08 ;2,73; 2,32; 1,90; 1,707; 1,629; 1,595; 1,504; 1,41 e 1,394 Å. As bandas de $NiMoO_4$ foram parcialmente sobrepostas por linhas fortes da forma hidratada $NiMoO_4$ xH_2O. Não foram observadas fases cristalinas de óxidos de molibdénio neste sistema. =No entanto, reflexões não identificadas bastante intensas retiradas 6.94; 6.56; 3.48; 1.845 e 1.441 Å estão presentes nos padrões de difração de raios-X.

Uma mistura de molibdatos de cobalto hidratados de composição estequiométrica $CoMoO_4$ - xH_2O e não estequiométrica $Co_{1\text{-}2}$ $MoO_{4\text{-}2}$ $\text{-}13H_{(2)}O$ prevaleceu na composição da solução de impregnação evaporada e seca para a preparação de catalisadores ACM (Fig. 4.8 B). As fases fracamente ocristalizadas dos nitratos de cobalto não reagidos $Co(NO_3)_2$ - $H_{(2)}O$ eram bastante distintas, $Co(NO_3)_{2))(2}$ - $4H_2O$, bem como reflexões únicas alargadas indicando a presença de $(NH_{(4)})_{(4)}CoMo_6H_{(6)}O_{(24)}\text{-}5H_{(2)}O$, $(NH_4)_6Mo_7O_{24}$ e $MoO_{2\text{-}5}(OH)_{(0\text{-}5)}$. O sal de amónio não-termoestável do heteropolimolibdato de cobalto só apareceu nos difractogramas quando tratado termicamente a 200°C. Após calcinação a 400°C, uma mistura de fases hidratadas e anidras de molibdato de cobalto foi registada radiograficamente (Figura 4.9 B)

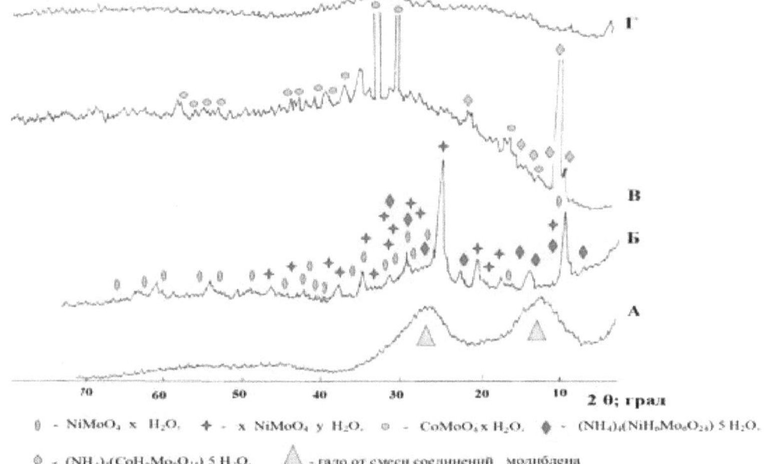

A - paramolibdato de amónio e ácido fosfórico,
B - paramolibdato de amónio, ácido fosfórico e nitrato de níquel,
B- paramolibdato de amónio, ácido fosfórico e nitrato de cobalto,

G- paramolibdato de amónio, ácido fosfórico, nitrato de níquel e nitrato de cobalto.

Fig. 4.8 Difractogramas do material seco na banho-maria de sistemas modelo.

°À medida que a temperatura de calcinação aumenta até 550 C, a intensidade das reflexões dos molibdatos de cobalto anidros aumenta e surge uma fase MoO_3 suficientemente bem oxidada.

O difractograma da solução de impregnação seca para a preparação do catalisador trimetálico Co-Ni-Mo (Fig. 4.8 d) indicou a formação de fases não cristalizadas. O halo pronunciado com um máximo em torno de 3,13 Å pode ser atribuído tanto à manifestação de molibdatos de cobalto ($CoMoO_{(4)}$)-x H_2O, $Co_{1\text{-}3}Mo_{4\text{-}2}$ $O_{(4)}$)-x 1,3H_2O $CoMoO_{(4)}$)-0.9 H_2O) e a sais de amónio de heteropoliácidos de fosforomolibdénio, níquel-molibdénio ou cobalto-molibdénio.

A formação de produtos cristalinos ocorreu apenas durante o tratamento térmico. No diagrama de raios X (Fig. 4.9.D), as bandas mais intensas, atribuímos a $CoMoO_4$ e $CoMoO_{(4)}$)-x $H_{(2)}$O e observadas no sistema binário a 3,38 e 3,28 Å, deslocam-se para 3,47 e 3,25 Å, possivelmente devido à sobreposição de bandas do molibdato de níquel hidratado a 3,48 e 3,26 Å. No entanto, a mudança na relação de intensidades das reflexões caraterísticas para molibdatos individuais de níquel e cobalto, bem como o desaparecimento de um número de bandas menos intensas de $CoMoO_4$, embora o cobalto neste sistema seja três vezes mais do que o níquel, indica a formação de molibdatos mistos de cobalto e níquel. As experiências efectuadas permitem supor a formação de estruturas mistas também na síntese de catalisadores trimetálicos no suporte. Os resultados obtidos da termografia, ICS e análise de fase de raios X estão de acordo com dados da literatura de que a interação de compostos heteropolíticos durante a impregnação de óxido de alumínio aumenta a estabilidade térmica do heteropolimolibdato de níquel depositado. A comparação dos difractogramas dos catalisadores obtidos por impregnação simples e dupla, tendo em conta as fontes bibliográficas consideradas e os sistemas-modelo (soluções de impregnação evaporadas e tratadas termicamente), permite-nos afirmar que, no caso da impregnação em fase simples, especialmente na presença de ácido cítrico na solução de impregnação, a dispersão dos componentes activos na forma de óxido é maior (Fig. 4.7).

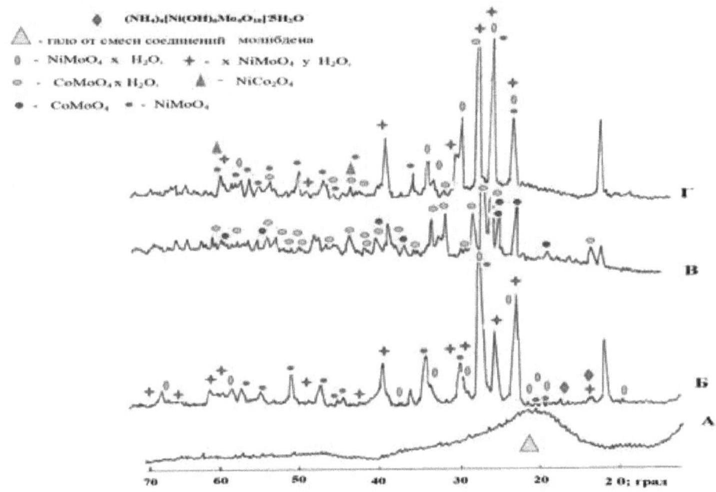

A - paramolibdato de amónio e ácido fosfórico,
B - paramolibdato de amónio, ácido fosfórico e nitrato de níquel,
B - paramolibdato de amónio, ácido fosfórico e nitrato de cobalto,

D - paramolibdato de amónio, ácido fosfórico, nitrato de níquel e nitrato de cobalto.

Fig. 4.9. °Difractogramas de sistemas modelo calcinados a 350 C.

De acordo com os resultados da extração selectiva de componentes activos durante a impregnação simples, observou-se a formação máxima de estruturas incluindo Mo, Co e Ni fracamente ligadas ao suporte - precursores de óxido de fases de sulfureto activas em reacções de hidrogenação e dessulfinação. O número de estruturas de molibdénio firmemente ligadas ao suporte, mais activas nas reacções de quebra de ligações C-S, também aumentou, e o número de metais de transição não removidos por extração, pelo contrário, diminuiu acentuadamente (Quadro 4.2).

A comparação dos métodos de síntese de catalisadores, em termos da formação de precursores de óxidos potencialmente activos, revelou a preferência por uma única impregnação com uma solução conjunta de componentes activos. Por conseguinte, as amostras para um estudo mais aprofundado das propriedades catalíticas foram preparadas por este método. Com base na totalidade dos resultados do estudo das caraterísticas físico-químicas dos transportadores e catalisadores sintetizados por diferentes métodos, desenvolvemos um esquema tecnológico para a produção de catalisadores pelo método de impregnação única (Fig. 4.10). A Tabela 4.4 apresenta os resultados do estudo de textura dos catalisadores sintetizados em suportes obtidos no equipamento da fábrica UzKFITI OEP (Tabela 3.3). Da comparação dos quadros 3.3 e 4.4 conclui-se que, no processo de impregnação dos suportes com uma solução conjunta de sais de molibdénio, cobalto e níquel estabilizados com ácido fosfórico, a resistência dos grânulos de catalisador melhorou, em regra, em comparação com a do suporte. No entanto, é obviamente insuficiente para obter grânulos de catalisador em suportes №17 -com a força necessária para carregar catalisadores de hidrotratamento num reator moderno. Alguma diminuição na proporção de poros largos pode indicar a formação de agregados de estruturas de molibdato nas paredes dos poros mais largos, especialmente no catalisador de alta percentagem ANM-2/3. Em geral, a distribuição bimodal dos poros por raios, caraterística dos transportadores, foi preservada. Se o ácido cítrico estivesse presente na solução de impregnação, o número de poros largos aumentava, enquanto a resistência dos grânulos diminuía ligeiramente. Este fenómeno era mais caraterístico do catalisador AKNM-2/9 que continha uma maior concentração de componentes activos. As caraterísticas espectrais e a composição das fases dos catalisadores AKNM-3/5, ANM-2/3, AKNM/#9 praticamente não diferiram dos análogos de laboratório (Fig. 4.2, 4.3, 4.7). A aprovação do esquema tecnológico proposto no SEP da UzKFITI durante a produção de lotes-piloto de catalisadores numa série de suportes permitiu otimizar uma série de parâmetros tecnológicos que asseguram a estabilidade das soluções de impregnação conjunta, o tempo e a temperatura de impregnação, bem como a uniformidade da aplicação de componentes activos [217; 143, 147-148, 244; P.39].

Tabela 4.4.

Efeito do rácio de componentes sólidos na textura dos catalisadores

media não.	Estabilizador da solução de impregnação	Código do catalisador	Rácio de ponderação GOA-M:K:AOA-K	$K_{resistência}$; kg/mm	D_{cp} dos poros; nm	Fração de poros comD =7-10 nm;	$\sum$Vpor; cm³/g
№3	H_3RO_4	AKNM-4/16	1.0:0.1:0	2.5	4.0	3.0	0.56
№9	H_3RO_4	AKNM-3/5 ANM-2/3	1,0:0,1:0,1 1,0:0,1:0,1	3.4 3.5	6.8 6.3	31.2 30.4	0.53 0.51
	H_3RO_4 e $C_7H_8O_7$	ACNM/#9 AKNM-2/9	1,0:0,1:0,1 1,0:0,1:0,1	3.0 2.9	9.0 8.9	54.1 52.2	0.65 0.62
№15	H_3RO_4	ACNM/#15	1:0.2:0.3	2.1	6.7	30.3	0.50
№16	H_3RO_4	ACNM/#16	1,0:0,5:0,1	3.58	Não op.	Não op.	0.29
№17	H_3RO_4	ACNM/#17	1,0:0,1:0,5	0.62	Não op.	Não op.	0.58
№18	H_3RO_4	ACNM/#18	1,0:0,2:0,5	1.01	6.3	27.5	0.56
№19	H_3RO_4	ACNM/#19	1,0:0,5:0,5	1.22	4.9	20.5	0.47
№20	H_3RO_4	ACNM/#20	9:0:1	0.8	4.3	19.7	0.33

Assim, os resultados do estudo de uma série de catalisadores por métodos espectrais provaram inequivocamente a influência do método de impregnação na formação de ligações superficiais dos tipos Al - O - Mo - O - Ni, Al - O - Mo - O - Co e Al - O - Ni - O - Mo. A introdução de iões de cobalto na esfera de coordenação dos iões de molibdato em $NiMoO_4$ xH_2O durante a síntese de catalisadores ACNM foi comprovada por difração de raios X. É revelado que o ácido cítrico na solução de impregnação desempenha a função de regulação do pH, permite aumentar a quantidade de metais activos introduzidos por uma única impregnação do suporte, bem como a quantidade de estruturas potencialmente activas nas reacções de quebra de ligações C-S e C=C de hidrocarbonetos contendo enxofre.

Conclusão

1. Com base nas regularidades de formação da estrutura porosa do suporte do catalisador obtidas neste trabalho, foi proposto o princípio da ativação termoquímica do hidróxido de alumínio de grandes dimensões cristalinas - um componente do suporte do catalisador de hidrotratamento.
2. Foi desenvolvido um método de regulação da textura dos suportes do catalisador, que envolve a peptização do hidróxido de alumínio fino e cristalino com soluções aquosas de ácidos nítrico e bórico, seguida da introdução de caulino Angren enriquecido e de uma fração grosseira dispersa de óxido de alumínio ativado.
3. Foi revelada a gama quantitativa óptima da relação entre as fracções finas de hidróxido de alumínio cristalino fino e caulino e a fração grosseira dispersa de óxido de alumínio ativado, necessária para obter um suporte com uma distribuição bimodal de mesoporos de 7-10 nm e poros de transporte ideais para o catalisador de hidrotratamento do petróleo.
4. Foi demonstrada a formação de compostos mistos não estequiométricos de Co-Ni-Mo na fase hidroquímica da síntese de catalisadores trimetálicos através de um único método de impregnação.
5. Foi revelado o papel dos compostos mistos não estequiométricos de Co-Ni-Mo como precursores de óxidos de fases de sulfureto que apresentam uma maior atividade hidrogenante e dessulfurante em relação ao "enxofre difícil" em condições suaves de hidrotratamento de fracções de petróleo.

6. Foi desenvolvida a tecnologia para a obtenção de um novo catalisador trimetálico para o hidrotratamento de óleos, que combina as propriedades positivas dos catalisadores de aluminocobalto-molibdénio e de aluminoníquel-molibdénio, cuja utilização garantirá a produção de óleo de base de melhor qualidade em condições relativamente suaves, típicas da refinaria de Fergana.

Lista das fontes utilizadas

1. Smirnov V.K., Irisova K.N., Talisman E.L. Novos catalisadores de hidrodesidratação de fracções de petróleo e experiência do seu funcionamento // Catalysis in Industry, Moscow 2003,- № 2.- P. 26-31.
2. Saidakhmedov Sh. M. Bases científicas e tecnológicas da produção de óleos lubrificantes a partir de matérias-primas locais de hidrocarbonetos: Dissertação de Doutoramento em Ciências Técnicas. - Tashkent: Academia de Ciências do Uzbequistão, 2005, -70 pp.
3. Shteinbrecher A.G., Smolin Yu.B., Obryvalina A.N. Óleos básicos de alta qualidade - a base de uma gama de produtos promissora // Refinação de petróleo e petroquímica, 2005, - No.8. - C.22-23.
4. Reznikov V.D., Shipulina E.N. Novo em classificações estrangeiras de óleos de motor // Química e tecnologia de combustíveis e óleos, Moscovo 2002, - № 4. - C.28-34.
5. Lynch, T. R. Process Chemistry of Lubricant Base Stocks / T. R. R. Lynch. - Nova Iorque: CRC Press, Taylor & Francis Group, 2008. - 369 p. Lynch, T. R. Process Chemistry of Lubricant Base Stocks / T. R. Lynch. R. Lynch. - Nova Iorque: CRC Press, Taylor & Francis Group 2008, - 369 p.
6. Referência. Combustíveis. Lubrificantes. Variedade e aplicação sob edição de Shkolnikov V.M. Moscovo. Techinform. 1999, - C.600.
7. Stuffeld R. O. Mobil Catalytic Dewaxing: the Better Alternative to Solvent Dewaxing // Second Russian Refining Roundtable: Vienna, Austria 1998,- November 4- P.124.

8. Shkolnikov V.M., Usakova N.A., Stepuro O.S. Processos catalíticos de desparafinagem na produção de óleos de base // Química e tecnologia de combustíveis e óleos. Moscovo 2000, - №1. - C.23-25.

9. Proskurin M.A. Problemas físico-químicos da produção e aplicação de combustíveis e lubrificantes // Petróleo e Gás, Moscovo 1999, - № 2. - C. 59-67

10. Yakovlev S.P., Boldinov V.A. Desparafinação e remoção de óleo com a utilização do cristalizador de mistura por pulsação // Química e tecnologia de combustíveis e óleos, 2009,- № 3 P.7-13.

11. Kolesnikov A.G., Krylov A.A., Zavalinskaya I.S., Peter Amba Neji Pesquisa de regeneração de catalisadores para refinação de fracções de hidrocarbonetos // Refinação e Petroquímica, 2008, - № 3. - C.26-30.

12. Salimov Z.S. O desenvolvimento de formas de resolver problemas urgentes de petroquímica e refinação de petróleo é uma direção prioritária do Instituto // Uzbekistonda neftni kaita ishlashning dolzarb muammolari va moilovchi materiallar ishlab chikarish istikbollari. Respublika ilmii-tekhnikonferenciia. Theseslar Tuplami. 6-7 de outubro, Tashkent 2005, - P.8-12.

13. Akhmetov S.A. Tecnologia de processamento profundo de petróleo e gás. - Ufa: Gilem, 2002, - P. 672

14. Kitova M.V., Loginova A.N., Vlasov V.G., Tomina N.N., Sharikhina M.A., Lukanov A.A.,. Desparafinagem catalítica de fracções de gasóleo pesado. // Química e Tecnologia de Combustíveis e Óleos. - Moscovo 2001, No.1. -C. 16-18.

15. Lukića, J. Re-refinação de óleo isolante mineral usado por extração com N-metil-2-pirrolidona / J. Lukića. Lukića,

A. Orlović, M. Spitellerc, J. Jovanović, D. Skalab // Tecnologia de Separação e Purificação, 2006, - V. 51. - P. 150-156.

16. Smirnov V.K., Gantsev V.A., Kapustin V.M. Novos catalisadores para a hidrodesidratação de fracções de petróleo // Química e Tecnologia de Combustíveis e Óleos, Moscovo 2002, - № 3. - C. 3-7.

17. Safronova T.N. Hidrodessulfurização e hidrogenação de componentes de fracções de petróleo em catalisadores Ni(Co)Mo(W)/Al_2O_3. // Dissertação de Candidato de Ciências Químicas. Samara 2014, - P. - 164.

18. Aliev R.R., Yolshin A.I., Reznichenko I.D. Problemas e critérios para a seleção de catalisadores para o hidrotratamento de fracções petrolíferas // Química e tecnologia de combustíveis e óleos - Moscovo 2002, - Nº 2. - C. 16-18.

19. Smirnov V.K., Gantsev V.A., Sukhorukov A.Ya. et al. Hidrodehidrogenação profunda de gasóleo de vácuo na instalação G-43-107 // Química e Tecnologia de Combustíveis e Óleos - Moscovo 2001, - № 4 - P. 4-6. 4-6.

20. Smirnov V.K., Irisova K.N. et al. Novos catalisadores para hidrocraqueamento suave de destilado de vácuo // Química e Tecnologia de Combustíveis e Óleos, Moscovo 1999, -#2. -C. 18-20.

21. Elshin A.I., Anufriev V.I. et al. Aumento da eficiência da operação da unidade de hidrotratamento L-24-6 // Química e tecnologia de combustíveis e óleos, Moscovo 2000. - №3, - C. 36-38

22. Safronova T.N., Tomina N.N., Pimerzin A.A. Hidrotratamento de refinado de purificação selectiva em catalisador Ni6-PW12/Al2O3. // Na coleção: "Teses de relatórios do simpósio científico e tecnológico "Refinação: catalisadores e hidroprocessos". Pushkin. São Petersburgo 2014,- P.199-200.

23. Saidakhmedov S.M., Tozhiev E.T. Estado e perspectivas do desenvolvimento da refinação de petróleo no Uzbequistão // Química e Tecnologia de Combustíveis e Óleos, Moscovo 1996, - No.4. - C.3-5.

24. Ergashev M.M. Principais realizações e perspectivas de desenvolvimento da Refinaria de Petróleo de Fergana // Coleção de teses da Conferência Científica e Técnica Republicana, Tashkent 2005. -C.71-73

25. Khairutdinov I.R., Sayfullin N.R., et al. Desasfaltamento de alcatrão com propano-butano // Química e tecnologia de combustíveis e óleos, Moscovo 1999, - №3.- P.14-15.

26. Levina L.A., Zelentsov Y.N., Yolshin A.I. et al. "Sistema Catalisador para Hidrotratamento de Óleos Básicos" // Química e Tecnologia de Combustíveis e Óleos, Moscovo 2003, № 4, -C. 14-15.

27. Antonov S.A. Safronova T.N., Pimerzin A.A. Composição química das frações de óleo de óleos sulfúricos e seu processamento racional // Nos Anais da Conferência Científica e Prática de toda a Rússia "Novas Tecnologias - região de petróleo e gás", Tyumen 2013, - P. 84-85.

28. Sochevko T.I., Pakhomov M.D., Falkovich M.I., Evtushenko V.M. Óleos básicos e comerciais. Factores de melhoria da qualidade // Química e tecnologia de combustíveis e óleos. - Moscovo 2002, - №2. - C.37-39.

29. Saidullaev B.T., Ergashev M.M., Musaeva G.H. et al. Tecnologia de produção de óleo M-10 DM com base em destilados de petróleo da FNPZ // Uzbek Journal of Oil and Gas - Tashkent 2006.- No.3.- P.34-36.

30. Ergashev M.M., Saidullaev B.T., Musaeva G.H. et al. Obtenção de todo o óleo sazonal para motores de alta força a partir de óleo com alto teor de enxofre // Jornal Uzbeque de Petróleo e Gás - Tashkent 2006, - No.4. - C.23-24.

31. Catalisador para hidrotratamento de fracções de petróleo e rafinados de purificação selectiva e método da sua preparação Tomina N.N., Pimerzin A.A. et al. Patente da Federação Russa № 2497585 - 10.11.2015.

32. Radchenko L.A., Chesnokov A.A. Óleos de nova geração para sistemas hidráulicos de equipamentos industriais // Química e tecnologia de combustíveis e óleos, Moscovo 2003,- No.3. - C. 33-35.

33. Nigmatullin R.G., Batyrov N.A., Vorobyev A.A., Olkov P.L., Aznabaev Sh.T. Hidrocraqueamento seletivo de rafinados parcialmente desparafinados // Química e Tecnologia de Combustíveis e Óleos, Moscovo 2000,-[1]1. - C.26- 27

34. Salimov Z.S., Kadyrov I., Saidakhmedov Sh. Polyfunctional catalysts and hydrogenation processes of oil refining. - Tashkent: Fan, 2000. - C. 109.

35. Abidova M.F., Iskandarov S.A., Ibragimov K.A. Atividade dos catalisadores de hidrocracking e tecnologia da sua preparação // Uzbek Journal of Oil and Gas, Tashkent 2005, - No. 1, - P. P. 30-32.

36. Kadyrov I., Salimov Z.S., Solomov Y. et al. Hidrotratamento de fracções leves de gasolina de destilação direta de petróleo // DAN RUz . - Tashkent 2002, - №4. - C.61-63.

37. Kadyrov I. Perspetiva dos processos catalíticos de refinação de petróleo // Uzbek Journal of Oil and Gas, Tashkent 2003, - No.1, - P.51-54.
38. Abidova M.F., Iskandarov Sh.A. et al. Seleção de catalisadores para aprofundamento do processamento de matérias-primas petrolíferas // Uzbek Journal of Oil and Gas, Tashkent 2005,- № 3.- P. 44-46. 44-46.
39. Abidova M.F., Saidakhmedov S.M., Karimkulova M.P. Estado de desenvolvimento do hidroprocessamento de matéria-prima de óleo residual (mensagem 1) // Uzbek Journal of Oil and Gas. -Tashkent. 2003. - №4. - C.26-28.
40. Abidova M.F., Saidakhmedov S.M., Karimkulova M.P. Estado de desenvolvimento do hidroprocessamento de matéria-prima de óleo residual (mensagem 2) // Uzbek Journal of Oil and Gas, Tashkent 2004,- No.1. - C.28-30.
41. Saidakhmedov S.M., Ibragimova G.S., Iskandarov S.A., Abidova M.F. Catalisador eficaz para hidrodesidratação de destilado de petróleo // Jornal Uzbeque de Petróleo e Gás, Tashkent 2001, - No. 1. - C.33-34.
42. Khalafova I.A., Huseynova A.D., Poladov F.M., Yunusov S.G. Estudo do processo de refinação catalítica da fração de gasolina de coque // Química e tecnologia de combustíveis e óleos, 2012. №4.-C.24-26.
43. Sayfidinov B. M., Nigmatullin V. R., Sharipov A. H., Nigmatullin. I. R. Purificação de fracções leves de óleos do sul do Uzbequistão a partir de compostos de enxofre // Química e Tecnologia de Combustíveis e Óleos, 2012, - № 5 -C. 15-17.
44. Nefedov B.K., Antonov A.E., Sabitova V.M., Uma nova maneira de intensificar o processo de hidrodesserivação

de frações de diesel em linha reta // Catalysis in Industry, Moscow 2004, - № 5. -C. 12-16

45. Tkachev S.M. Tecnologia de processamento de petróleo e gás. Processos de processamento profundo de petróleo e fracções de petróleo // Formação e complexo metódico. Novopolotsk 2006, - P. 344.

46. Nigmatullin V.R., Mukhametova R.R., Nigmatullin I.R. Dessulfurização oxidativa de destilados de petróleo // Química e tecnologia de combustíveis e óleos, 2008, -№1. - C. 10-11.

47. Pavlov, I.V.; Ponyaev, L.A.; Kazulina, E.V.; Gusakova, Zh.Yu. Aplicação de processos de hidrogenação na produção de óleos de base (em russo) // Química e tecnologia de combustíveis e óleos, 2008, -№2, - P.27-28.

48. Sharipov A.H., Nigmatullin I.R., Nigmatullin V.R. Purificação de frações de óleo de sulfetos // Química e Tecnologia de Combustíveis e Óleos, 2009, - № 2. -C. 14-19.

49. Kayukova G.P., Petrov S.M., Romanov G.V. Aplicação de processos de hidrogenação para obtenção de óleos brancos a partir de óleo pesado do campo de Ashalchinskoye // Química e Tecnologia de Combustíveis e Óleos 2012,- № 4. -C. 9-15.

50. Yunusov M.P., Molodozhenyuk T.B., Ergashev M.M. et al. Investigação do sistema de camada protetora para hidrotratamento de destilados de óleo de óleos uzbeques // Indústria Química, São Petersburgo 2007, - No. 2. - C. 55-61.

51. Método de obtenção de um catalisador de camada protetora. Yunusov M.P., Jalalova Sh.B., Isayeva N.F., Molodozhenyuk T.B., Mirzaeva E.I., Mahkamov H.M. //

Agência da Propriedade Intelectual da República do Uzbequistão, n.º IAP 05063, 2015.

52. Catalisador para o hidrotratamento da camada superior e método da sua preparação Polunkin Y.M., Shragina G.M. et al. // Patente da Federação Russa № 2235588. -10.09.2004.

53. Catalisador de camada protetora para o hidrotratamento de fracções petrolíferas Reznichenko I. D., Aliev R. R. e outros; - Patente da Federação Russa n.º 2319543. - 20.03.2008.

54. Tarakanov G.V., Nurakhmedova A.F. Sistemas de catalisadores multicamadas para a hidrodesidratação de fracções de petróleo // Química e tecnologia de combustíveis e óleos. № 6. 2007.-C.48-51.

55. Kamalova D.N. Investigação dos parâmetros básicos do equipamento na produção de pavimentos rodoviários na fábrica de asfalto-betume de Tashkent. Diss. Mestrado. Tashkent 2014. - C.77

56. Nabiev A.B., Abdurakhimov S.A. Classificação dos óleos locais a partir da posição da sua fluidez // Química e Tecnologia Química - Tashkent. - 2009. - №4. - C.63-65.

57. Safarov B.J., Khayitov R.R., Muradov M.N. Composição e propriedades das resinas contidas no óleo dos depósitos do Uzbequistão // Química e Tecnologia Química - Tashkent. - 2009. - №2. - C.59-61

58. Konovalchikov O.D., Khavkin V.A., Gulyaeva L.A., Krasilnikova L.A., Misko O.M., Bychkova D.M., Loschenkova I.N., Druzhinin O.A. Catalisadores de hidrotratamento destrutivo de destilados pesados de diesel // Catálise na indústria. - Moscovo, 2004, № 6.- P. 21-26.

59. Kurganov V.M., Papusha L.V. et al. Hydrocracking Process in the Scheme of Oil Production // Química e Tecnologia de Combustíveis e Óleos. - Moscovo. 1999. - №3, - C. 13.

60. Smirnov V.K., Irisova K.N., Talisman E.L. et al. Hidrotratamento de rafinados de petróleo no catalisador RK-438 // Refinação de petróleo e petroquímica. №3. 2008.- C.22-25

61. Berg G.A., Khabibullin S.G. Catalytic hydrodehydration of oil residues. L. Khimiya.1986. -C 192.

62. Krasilnikova G.M., Spiridonov S.E., Baiburskiy V.L. et al. Catalisador altamente eficaz para a hidrodehidrogenação // Química e Tecnologia de Combustíveis e Óleos - Moscovo. 1999. №3. -C. 21.

63. Vezirov R.R. Visbreaking - tecnologias testadas pelo tempo. // Química e tecnologia de combustíveis e óleos. 2010. №6. -C..3-8.

64. Velichkina, L.M.; Gossen, L.P. Áreas de aplicação de novos catalisadores de tecnologias de poupança de recursos e amigas do ambiente na refinação de petróleo e petroquímica (em russo) // Neftekhimiya. 2008.№ 3.-C. 31-37.

65. Starkova N.N., Shuverov V.M., Ryabov V.G., Yunusov Sh.M. Caraterísticas das matérias-primas para a obtenção de óleos de base de alto índice // Química e tecnologia de combustíveis e óleos. - Moscovo. 2001 -№ 3.- C. 36-37.

66. Nefedov B.K., Radchenko E.D., Aliev R.R. Catalysts of processes of advanced oil refining. M., Khimiya, 1992, -C. 272

67. Kuliev R.Sh. Esquema de duas colunas de purificação selectiva de matérias-primas petrolíferas // Química e tecnologia de combustíveis e óleos.- Moscovo. 2005 .-№1.- C.22-23

68. Kotov S.V., Oltyrev A.G., Shabalina T.N. et al. Melhorar a qualidade dos destilados de petróleo // Química e tecnologia de combustíveis e óleos - Moscovo. 1999. -C. 10-12

69. Parunin P.D., Lysikov A.I., Okunev A.G., Parkhomchuk E.V., Polukhin A.V. Semeikina V.S. Estudo de catalisadores estruturados em 3 D no processo de hidroprocessamento de óleo pesado // Simpósio Científico e Tecnológico Refinação de Petróleo: Catalisadores e Hidroprocessos . 20-23 de maio de 2014, Pushkin, São Petersburgo, Novosibirsk 2014.- P. 155-156.

70. Reznichenko I.D. Desenvolvimento de catalisadores de hidrotratamento com propriedades ecológicas melhoradas com base em transportadores modificados: Cand. Sci. (Techn. Sci.) - Ufa:UGNTU, 2007. - C.117.

71. Levin O.V. Improvement of catalysts for hydrotreating of petrol and diesel fractions by optimisation of the carrier texture: Cand.Chem.Sci. (em russo). - Kazan: 2002. P.135.

72. Lamberov A.A., Romanova R.G., Levin O.V., Egorova S.R. Influência das caraterísticas estruturais do suporte na atividade dos catalisadores de hidrotratamento // Proc. da Conf. Russa "Atual problems of petrochemistry" 17-20 April 2001 - Moscow. 2001. - C.153.

73. Lamberov A.A., Levin O.V., Egorova S. R., Gelmanov H.H. Influência da temperatura de precipitação na textura do hidróxido de alumínio de precipitação fria // XV Intern. Conf. Sobre Reactores Químicos. Helsínquia. Finlândia. 5-8 de junho. 2001. -H. 305-307

74. Kulko EV, Ivanova AS, Litvak GS, Kryukova GN, Tsybulia SV Obtenção de óxidos de alumínio homogéneos em fase e estudo da sua microestrutura e textura // Kinetics and Catalysis 2004. vol. 45. № 5, -C.-754-762.
75. Catalisador para o hidrotratamento de fracções petrolíferas e método da sua preparação. Reznichenko I.D., Tselutina M.I., Yolshin A.I., Aliev R.O., Volchatov L.G., Bocharov A.P., Kuks I.V., Trofimova M.. V., Andreeva T.I. // Patente RF, № 2306978.- 27.09.2007 Boletim № 27
76. Catalisador, método da sua preparação (variantes) e processo de hidrodesserização de fracções de gasóleo. Ismagilov Z., Shikina NV, Yashnik SA, Rogov VA Kerzhentsev MA, Parmon VN, // Patente RF, 2342994.- 10.01.2009.
77. Catalisador para a hidrodessulfurização da fração diesel e método da sua preparação Klimov O. V. V., Kodenev E. G. G., Echevsky G. V., Bukhtiyarova G. A., Polunkin Ya. V. // Patente RF, 2313392. - 27.12.2007г.
78. Método de obtenção de catalisador para o hidrotratamento de fracções petrolíferas. Nasirov R. K. // Patente RF, №2074025 - 27.02.1997.
79. Método de preparação de catalisador para hidrotratamento de destilados de petróleo. Dianova S.A., Kovalchuk N.A., Mund N.S., Karelsky V.V. // Patente RF, № 2179886 - 27.02.2002.
80. Sidelkovskaya V.G. et al. Investigação de catalisadores de aluminoníquel-molibdénio à base de argilas naturais // KK 1990. Vol. 31, número 6 - P.-1414-1419.
81. Rabinovich G.L. Shavandin Yu.A., Polotskaya G.E., Zharkov B.B. Método de preparação de catalisador para

hidrotratamento de fracções de petróleo // Russian Federation Patent, № 2089290 - 1997.

82. Artukova G.Sh., Ibragimov E.A. et al. Síntese de catalisador de hidrotratamento utilizando matérias-primas locais // Journal of Applied Chemistry. 2001.vol.74. vol.6.- P.939-942.

83. Jalalova S.B., Saidakhmedov S.M.,. Molodozhenyuk T.B., Yunusov M.P. Estrutura dos catalisadores de hidrotratamento de matérias-primas de hidrocarbonetos obtidos em transportador alumocaolínico // Journal "Oil and Gas of Uzbekistan" № 2. 2002. C. 28-30.

84. Chukin G.D. Estrutura dos catalisadores de óxido de alumínio e de hidrodessulfurização. Mecanismos de reações // Moscou 2010. - C.287

85. Leonova K.A., Klimov O.V., Pereyma V.Yu., Dick P.P., Budukva S.V., Uvarkina D.D., Noskov A.S. Efeito do teor de silício nos suportes de aluminossilicato na atividade dos catalisadores de hidrotratamento Co-Mo na hidrogenólise do tiofeno // Simpósio Científico e Tecnológico Refinação de Petróleo: Catalisadores e Hidroprocessos. 20-23 de maio de 2014, Pushkin, São Petersburgo, Novosibirsk 2014. - C. 57-58.

86. Maity S.K. Óxido misto binário de alumina-sílica utilizado como suporte de catalisadores para o hidrotratamento do crude pesado Maya // Appl . Catal A 250:231-238 Copyright (C) 2013 American Chemical 29.

87. Dibenzotiofeno e 4, 6-dimetildibenzotiofeno: Efeito de um componente ácido na atividade de um catalisador sul® ded NiMo sobre alumina. Applied Catalysis A: General, 169. - C.343-353.

88. Usman U., Takaki M., Kubota T., Okamoto Y. "Efeito da adição de boro num catalisador MoO_3/Al_2O_3" // Applied Catalysis A: General, 286, 2005.-C.148-154.
89. Kubota T.; Araki Y.; Ishida K.; Okamoto Y. "O efeito da adição de boro na atividade de hidrogenodessulfurização dos catalisadores $MoS_2/Al_{(2)}O_3$ e Co-$MoS_{(2)}/Al_{(2)}O_3$" // Journal of Catalysis, 227, 2004.-P. 523-529.
90. Kubota T., Hiromitsu I., Okamoto Y. "Efeito da adição de boro na estrutura da superfície dos catalisadores Co-Mo/Al_2O_3" // Journal of Catalysis; 2007; 247;-P.78-85.
91. Ferdous D., Dalai A. K., & Adjaye J. Hydrodenitrogenation and Hydrodesulfurisation of Heavy Gas Oil Using NiMo/Al2O3 Catalyst Containing Boron: Experimental and Kinetic Studies. Industrial & Engineering Chemistry Research, 45, 2006. - P. 544-552.
92. Saih Y., & Segawa K. Atividade catalítica de catalisadores CoMo suportados em alumina modificada com boro para a hidrodessulfurização de dibenzotiofeno e 4,6 dimetildibenzotiofeno. Applied Catalysis A: General, 353, 2009.-P. 258-265.
93. Kim H., Lee J.J., Moon S.H.. "Hydrodesulfurisation of dibenzothiophene compounds using fluorinated NiMo/Al_2O_3 catalysts" // Applied Catalysis B: Environmental; 2003; 44; 287-299.
94. Ding L., Zhang Z., Zheng Y., Ring Z., Chen J. "Efeito da modificação de flúor e boro na atividade HDS, HDN e HDA de catalisadores de hidrotratamento" // Applied Catalysis A: General, 2006, 301. -P.241-250.
95. Ferdous D., Dalai A. K., & Adjaye J. (2004). Uma série de catalisadores NiMo/Al2O3 contendo boro e fósforo. Applied Catalysis A: General, 260.-P.137-151.

96. Ferdous D., Dalai A. K., & Adjaye J. (2005). Absorção de raios X perto da estrutura de borda e análises de espetroscopia de foto electrões de raios X de catalisadores NiMo/Al2O3 contendo boro e fósforo. Journal of Molecular Catalysis A: Chemical, 234.-P. 169-179.

97. Alekseenko L.N., Landau M.V., Nefedov B.K. Sobre a relação entre a atividade de hidrogenação e hidrogenodessulfurização de catalisadores de aluminoníquelmolibdénio // Cinética e Catálise 1984. vol.25. vol.2. -C.492-496.

98. A.V.Vysotsky, I.F.Sarapulova, V.A.Yaskina. Sobre a acidez dos catalisadores de hidrotratamento de aluminoníquel-molibdénio promovidos por zeólitos // Cinética e Catálise. T. 33. №1, 1992, 197-204.

99. Jalalova S.B., Saidakhmedov S.M., Molodozhenyuk T.B., Ibragimov K.A., Yunusov M.P. // Estudo da génese dos centros de superfície na síntese de catalisadores para o hidrotratamento de matérias-primas de hidrocarbonetos // J. "Indústria Química", São Petersburgo 2003,- № 2. -C.3-8.

100. Lavrenov A.V., Basova I.A., Kazakov M.O. et al. Catalisadores à base de óxidos metálicos modificados com aniões para a produção de componentes ecologicamente limpos de combustíveis para motores // Russian Chemical Journal. 2007. Vol. II. No. 4. p. p. 75-84.

101. Korobochkin V.V., Gorlushko D.A. Tecnologia de catalisadores. Parte 1. Métodos de preparação de catalisadores. Tomsk 2013. - C. 79

102. Moreno B., Chinarro E., Colomer M. T., & Jurado J. R. Síntese de combustão e comportamento elétrico de B-$NiMoO_4$ nanométrico. Journal of Physical Chemistry C, 114, 2010.-C.4251-4257.

103. Juanjuan L., Zhiqiang X., Weikun L., Jinbao Z., Binghui Ch., Xiaodong Y., Weiping F. Hidrodemetalação (HDM) de níquel-5, 10,15,20-tetrafenilporfirina (Ni-TPP) sobre cisto NiMo/c-Al_2O_3 preparado por método one-pot com precipitação controlada dos componentes // Fuel 97. 2012 - P.504-511

104. Dryaglin Yu.Yu., Solmanov P.S. Studies of methods of cobalt introduction into CoO-MoO_3/γ-Al_2O_3 hydrotreating catalysts // In Proceedings of the XXI Mendeleev Conference of Young Scientists. - Dubna, 2011. - C. 61.

105. Rana M.S. Efeito da preparação do catalisador e da composição do suporte na hidrogenodessulfurização do dibenzotiofeno e do petróleo bruto Maya // Fuel 86.-2007.- P.1254-1262

106. Rayo P., Rana M., Ramirez J., Ancheyta J., & Aguilarelguezabal. Efeito do método de preparação na estabilidade estrutural e na atividade de hidrodessulfurização dos catalisadores NiMo/SBA-15 // Catalysis Today, 130.- 2008.-P.283-291

107. Landau MV, Mikhailov V.I., Tsisun E.L., Samgina T.Yu., Chukin G.D., Vinogradova O.V., Nefedov B.K., Slinkin A.A. Síntese e propriedades catalíticas dos produtos de sulfidação de compostos de óxido ternário Ni Mo Al em reacções de hidrogenação e hidrodessulfinação // KK vol. 27. Vol.4. 1986. -.C.931-940

108. Landau M.V., Alekseenko L.N., Vinogradova O.V. et al. Efeito das condições de deposição e tratamento térmico do molibdato de níquel na composição e estrutura do produto resultante // Cinética e Catálise. №4. 1989.- C. 933-938.

109. Victor Costa. Compreensão do papel dos aditivos do tipo glicol na melhoria do desempenho dos catalisadores de

hidrotratamento // do diploma de doutoramento. Catálise. Universite Claude Bernard - Lyon I, 2008. Francês. - P.263.
110. Sidelkovskaya V.G. Caraterísticas da formação de fases activas em catalisadores de aluminoníquel-molibdénio baseados em vários hidróxidos de alumínio // Kinetics and Catalysis. V.31. vol. 5. 1990. - C.1264-1267.
111. Agievsky D.A., Kvashonkin V.I., Pavlova L.I., Chukin G.D.. Mikhailov V.I., Surin S.A., Landau M.V., Nefedov B.K. Estudo de precursores de óxido de estruturas ativas em catalisadores de hidrogenação Al-Ni-Mo por separação extrativa de componentes I // Cinética e Catálise, 1986. vol. 27, №1 - C.178-185.
112. Chukin G.D., Mikhailov V.I., Surin S.A. et al. Estudo de precursores de óxidos de estruturas activas em catalisadores de hidrogenação Al-Ni-Mo por separação extractiva de componentes II // Cinética e Catálise - Moscovo. 1986. T. 27. -№ 1. - C. 186-193.
113. Goncharova O.I., Davydov A.A., Yurieva T.M. Manifestação espectroscópica de IR de compostos de polimolibdénio na superfície de catalisadores de molibdénio-alumínio // Cinética e Catálise. 1984, Vol. 25, No. 1.-P. 152-158.
114. Spozhakina AA, Kostova, NG, Tsolovski IA, Shopov DM Síntese e propriedades dos catalisadores de hidrotratamento. 2. estado do molibdénio nos catalisadores de aluminomolibdénio e suas propriedades catalíticas na hidrogenólise do tiofeno // Cinética e catálise. 1982. т. 23. vol.2.-P.456-461.
115. G.D. Chukin. Estudo da formação da estrutura e das fases activas no hidrotratamento de ANMC com aditivos de

silicatos amorfos e cristalinos // Kinetics and Catalysis.Vol.31. vol. 1990.- P.503.

116. Surin S.A. Mikhailov V.I., Sidelkovskaya V.G., Chukin G.D., Nefedov B.K. et al. Estudo espetroscópico de catalisadores de aluminoníquel-molibdénio com base em diferentes modificações de Al_2O_3 // Cinética e Catálise. T. 28. №4. 1987. -C. 943-947

117. Surin S.A., Chukin G.D., Sidelkovskaya V.G. et al. Influência da ordem de aplicação dos componentes activos na estrutura, composição de fases e atividade dos catalisadores ANM // Kinetics and Catalysis Th. 29. V.2. 1988 c. 443-446.

118. Gazimzyanov N.R., Mikhailov V.I., Zadko I.I.. Estudo da distribuição de componentes activos em catalisadores de aluminoníquel-molibdénio obtidos por impregnação simples // KK 1992. vol.33, issue 4.-P. 915-921.

119. Iwamoto R., Grimblot J. Influência do fósforo nas propriedades dos catalisadores de hidrotratamento à base de alumina // Advances in Catalysis 44. 1999. - P.417-503.

120. Atanasova P., Tabakova T., Vladov C., Halachev T., & Agudo A. L. Efeito da concentração de fósforo e do método de preparação na estrutura da forma de óxido dos catalisadores de hidrotratamento fósforo-níquel-tungsténio/alumina // Applied Catalysis A: General 161. 1997.-P. 105-119.

121. Livage C., Hynaux A., Marrot J., Nogues M., Férey G. Processo de solução para a síntese da fase de "alta pressão" $CoMoO_4$ e resolução de monocristais de raios X // J. Mater. Mater. Chem. 2002. 12. -P. 1423-1425.

122. Maity S., Flores G., Ancheyta J., Rana M. "Efeito dos métodos de preparação e do teor de fósforo na atividade de hidrotratamento" // Catalysis Today. 2008; 130.-P. 374-381

123. Maity S. K., Ancheyta J., Rana M. S., & Rayo P. Efeito do fósforo na atividade do catalisador de hidrotratamento do crude pesado do Maya // Catalysis Today. 2005.-P. 10942-10948.

124. Patrícia R, Jorge R, Pablo T, Gustavo M, Samir K. M., Jorge A. Hidrodessulfurização e hidrocraqueamento do crude Maya com catalisadores NiMo/Al_2O_3 modificados com P // Fuel 100. 2012.-P. 34-42.

125. Xiang C., Chai Y., Fan J., & Liu C. Efeito do fósforo no desempenho da hidrodessulfurização e da hidrodenitrogenação do catalisador NiMo / Al_2O_3 pré-sulfatado // Journal of Fuel Chemistry and Technology. 39. 2011.-P. 355-360.

126. Pouler O., Hubaut R., Kasztelan S., Grimblot J. Evidências experimentais da influência direta do fósforo na atividade e seletividade de um catalisador de hidrotratamento $MoS_2/\gamma-Al_2O_3$ // 4th th Workshop Hydrotreat, Louvainla-Neuve, 21-22 Nov., 1991 // Bull. Soc. Chim. Belg. 1991. 100. N11-12 . -P.. 857-863.

127. Plazenet, G., E. Payen, e J. Lynch, "Cobalt-Molybdenum Interaction in Oxidic Precursors of Zeolite Supported HDS Catalysts," // Phys. Chem. Chem. Phys. 4. 2002. - P. 3924-3926

128. Sundaramurthy V., Dalai A. K., Adjaye J. Effect of phosphorus addition on the hydrotreating activity of NiMo/ Al_2O_3 carbide catalyst // Catalysis Today. 125. 2007. - P.239-247.

129. Sundaramurthy, V., Dalai, A. K., Adjaye, J. The effect of phosphorus on hydrotreating property of NiMo/γ- Al_2O_3 nitride catalyst // Applied Catalysis A: General. 335. 2008.- P. 204-210.

130. Maksimov N.M., Dryaglin Y.Yu., Solmanov P.S., Tomina N.N. Efeito da modificação dos catalisadores Co_6PMo_{12}/Al_2O_3 por compostos de boro e fósforo na sua atividade // In Proceedings of the All-Russian Scientific Conference "Hydrocarbon feedstock processing. Soluções complexas" - Samara, 2012 - P.81.

131. Eremina Yu.V. Estudo das caraterísticas das reacções de hidrodessulfinação e hidrogenação de componentes de fracções de gasóleo em catalisadores contendo molibdénio. diss. candidato de ciências químicas. - Samara: ASU, 2006. - C.136.

132. Sun M., Nicosia D., Prins R. The effects of fluorine, phosphate and chelating agents on hydrotreating catalyses and catalysis // Catal. Today. - 2003. - V.86. - P. 173-189.

133. Klimov O.V., Fedotov M.A., Pashigreva A.V., Budukva S.V., Kirichenko E.N., Bukhtiyarova G.A., Noskov A.S. Compostos complexos formados em solução a partir de paramolibdato de amónio, ácido ortofosfórico, nitratos de cobalto ou níquel e ureia, e preparados com base nos seus catalisadores de hidrotratamento de gasóleo // Kinetics and Catalysis. 2009. T. 50. № 6. -C. 903-909.

134. Shafi R., Siddiqui M.R., Hutchings, G.J., Derouane E.G., Kozhevnikov, I.V.. "Precursor de ácido heteropoliácido para um catalisador para hidrodessulfurização de dibenzotiofeno" // Applied Catalysis A: General; 2000. 204.-P. 251-256

135. Ishutenko D.I., Minaev P.P., Nikulshin P.A., Konovalov V.V. Actividades HDS e HYD de catalisadores de sulfureto sintetizados com heteropoli-compostos Estrutura de Anderson // 5º Simpósio Internacional sobre os aspectos moleculares da catálise por sulfuretos, Dinamarca. 2010.- P. 254.

136. Nikul'shin P.A., Mozhaev A.V., Ishutenko D.I., Minaev P.P., Lyashenko A.I., Pimerzin A.A. "Influência da composição e morfologia de sulfetos de metais de transição nanométricos preparados usando os compostos heteropolíticos do tipo Anderson [X (OH) $_{(6)}$ Mo $_{(6)}$O $_{18}$] $_{(n)}$ - (X = Co, Ni, Mn, Zn) e [Co $_2$ Mo $_{10}$ O $_{38}$ H $_4$] $_{(6)}$ - em suas propriedades catalíticas " // Cinética e Catálise, 2012,53.-P. 620-631.

137. Nikulshin P.A., Tomina N.N., Pimerzin A.A., Stakheev A.Y., Mashkovsky I.S., Kogan V.M. "Effect of the second metal of Anderson type heteropolycompounds on hydrogenation and hydrodesulphurisation properties of $XMo_6(S)/Al_2O_3$ and $Ni_{(3)}$-$XMo_6(S)/Al_2O_{(3)}$ catalysts" // Applied Catalysis A: General; 2011.No. 393.-P. 146-152.

138. Pettiti I., Botto I., Cabello C., Colonna S., Faticanti M., Minelli G., Porta P., Thomas H. "Heteropolioxomolibdatos do tipo Anderson em catálise: 2. Estudo EXAFS sobre fases sulfidadas de Mo, Co e Ni suportadas por γ-Al_2O_3como catalisadores HDS" // Applied Catalysis A: General. 2001. 220.-P. 113-121.

139. Ishutenko D.I. Atividade dos catalisadores de hidrogenodessulfurização com base em alguns compostos heteropolíticos de molibdénio da 6ª fila na reação de hidrogenólise do tiofeno // In Collected Works: Theses of

Reports of the 63rd Student Scientific Conference "Oil and Gas - 2009", Moscow 2009. -C. 25.

140. Ishutenko D.I. Atividade dos catalisadores de hidrodessulfinação baseados em alguns compostos heteropolíticos de molibdénio 12 na reação de hidrogenólise do tiofeno // In Proc. of XVIII Mendeleev Conference of Young Scientists. - Belgorod, 2008. -C.93-94.

141. Denisov A.V., Dryaglin Yu Yu, Solmanov P.S. Estudo dos catalisadores de hidrotratamento preparados com base na estrutura de Keggin de 12 filas de molibdénio GPC e GPC na reação modelo de hidrogenólise do tiofeno // In Proceedings of the XX Mendeleev Conference of Young Scientists. - Arkhangelsk, 2010. - C. 56.

142. Denisov A.V., Dryaglin Y.Yu., Solmanov P.S. Síntese e estudo de catalisadores de hidrotratamento altamente activos baseados em heteropoliácidos de molibdénio com estrutura Keggin de 12 filas // In Proceedings of the XX Mendeleev Conference of Young Scientists - Arkhangelsk, 2010. - C. 58.

143. Maksimov N.M., Solmanov P.S., Dryaglin Y.Y., Tomina N.N., Pimerzin A.A. XMo_{12} - compostos heteropolíticos - precursores de catalisadores de hidrodessulfurização. Atividade GDS, GDA e GID // Na coleção "Resumos do 6º Simpósio Internacional "Aspectos Moleculares da Catálise por Sulfuretos". - França, 2013. - C. 92.

144. Tomina N.N., Maximov N.M., Dryaglin Yu Yu, Solmanov P.S., Denisov A.V. Atividade comparativa de catalisadores de sulfureto baseados em compostos heteropolíticos de 12 linhas // In Proceedings of the "Theses of reports of the Eurasian Symposium on Innovations in Catalysis and Electrochemistry". - Alma-Ata, 2010. - C. 163.

145. Lamonier C.; Martin C.; Mazurelle J.; Harlé V.; Guillaume D.; Payen E. "Sais de cobalto molibdocobaltato: Novos materiais de partida para catalisadores de hidrotratamento" // Applied Catalysis B: Environmental; 2007. 70.-P. 548-556.

146. Mazurelle J.; Lamonier C.; Lancelot C.; Payen E.; Pichon C.; Guillaume D. "Utilização do sal de cobalto do heteropoliânion $[Co_2Mo_{10}O_{38}H_4]_{(6)}$- para a preparação de catalisadores CoMo HDS suportados em $Al_{(2)})O_3$, TiO_2 e ZrO_2" // Catalysis Today; 2008; 130.-P. 41-49.

147. Mozhaev A.A.; Nikul'shin P.A.; Pimerzin A.A.; Konovalov V.V.; Pimerzin A.A. "Atividade dos catalisadores $Co(Ni)MoS/Al_2O_3$, derivados de sais de cobalto(níquel) de $H_6[Co_2Mo_{10}O_{38}H_4]$, na hidrogenólise do tiofeno e no tratamento com hidrogénio da fração de gasóleo" // Química do petróleo; 2012.№ 52.-P. 45-53.

148. Moshaev A.V., Nikulshin P.A., Konovalov V.V., Eremina Yu. V. e Pimerzin A.A. Utilização de heteropolicompostos de Co_2Mo_{10}para a preparação da fase CoMoS altamente ativa do tipo II // 5° Simpósio Internacional sobre os aspectos moleculares da catálise por sulfuretos, Dinamarca, 2010. 258.

149. Mozhaev A.V., Nikulshin P.A., Konovalov V.V., Pimerzin A.A. Investigação da influência da relação Co(Ni)/Mo em catalisadores $Co_(Ni)(Chel)Co_2Mo_{10}GPC/Al_2O_3$ na morfologia da fase ativa e no comportamento catalítico // Abstracts of the Conference of Young Scientists in Petrochemistry. Zvenigorod. 2011 -C. 69.

150. Nikulshin P.A., Moshaev A.V., Konovalov V.V., Tomina N.N. e Pimerzin A.A. Utilização simultânea de heteropolicompostos de Co_2Mo_{10}e agentes quelantes para a síntese de catalisadores de hidrotratamento altamente activos // EuropaCatIX, Espanha. 2009. CD. -P.4-28.

151. Pashigreva A.V. "Catalisadores Co-Mo de hidrotratamento profundo de fracções de gasóleo preparados através da fase de síntese de compostos bimetálicos": Resumo da dissertação do Candidato de Ciências Químicas. Novosibirsk. 2009. - 16c

152. Klimov O.V., Pashigreva A.V., Leonova K.A., Bukhtiyarova G.A., Budukva S.V., Noskov A.S. Complexos Co-Mo bimetálicos com localização óptima na superfície do suporte: uma forma de preparação de catalisadores de hidrodessulfurização altamente activos para diferentes destilados de petróleo // Stud. Surf. Sci. Catal. 175. 2010.-P 509-512.

153. Pashigreva A.V., Bukhiyarova G.A., Klimov O.V., Noskov A.S. Activity and sulfidation behaviour of $CoMo/Al_2O_3$ hydrotreating catalyst: effect of drying condition // 14th International Congress on Catalysis: Abstracts, July 13-18.Seoul, S. Korea, 2008.- P. P. 279.

154. Pashigreva A.V., Klimov O.V., Bukhtiyarova G.A. at al. A atividade superior dos catalisadores de hidrotratamento CoMo preparados com ácido cítrico: qual é a razão? // 10th Simpósio Internacional "Bases Científicas para a Preparação de Catalisadores Heterogéneos" - 2010.-C. 109-116.

155. Pashigreva A. V., Bukhtiyarova G. a., Klimov O. V., Chesalov Y. V., Chesalov Y. A., Litvak G. S., & Noskov a. S. Atividade e comportamento de sulfidação do catalisador de hidrotratamento CoMo/Al2O3 // O efeito das condições de secagem. Catalysis Today. 149. -2010.-P 19-27.

156. Pena L., Valencia D., Klimova T. Catalisadores CoMo / SBA-15 preparados com EDTA e ácido cítrico e seu desempenho na hidrodessulfurização de dibenzotiofeno // AppliedCatalysis B: Environmental. 2014. V.147.-P.879-887.

157. Pashigreva A.V., Bukhtiyarova G.A., Klimov O.V. Influência das condições de síntese, secagem e sulfitação nas propriedades dos catalisadores de hidrotratamento preparados com compostos complexos bimetálicos de Co-Mo // Química sob o signo "Sigma": Mat. da conferência científica de jovens da Rússia 18-23 de maio de 2008, Omsk -2008, - P. 175-176 Conferência Científica Jovem de toda a Rússia 18-23 de maio de 2008, Omsk, -2008, - P. 175-176. 175-176.

158. Hai-liang Y., Tong-na Z., Yun-qi L., Yong-ming C., Chen-guang L. Estudo da estrutura da fase ativa na solução de impregnação de NiMoP utilizando a espetroscopia Raman a laser. II. Efeito dos aditivos orgânicos // Journal of Fuel Chemistry and Technology. -2011. -V.39(2). -P.109-114.

159. Vdovina T.N., Bely A.S., Shkuropat S.A., Startsev A.N., Dupliakin V.K.. Distribuição do componente ativo em poros de diferentes tamanhos na estrutura dos transportadores de óxido. IY. Macro- e micro-distribuição de MoS_2 em poros γ-Al_2O_3 // Cinética e Catálise. T. 33. №1, 1992, -C. 170-175.

160. Startsev A.N. Sulfide hydrotreating catalysts: synthesis, structure, properties. - Novosibirsk: 2007. 203.

161. Sidelkovskaya V.G., Surin S.A. et al. Estudo espetroscópico da interação de componentes em catalisadores de aluminoníquel-molibdénio à base de $NiMoO_4$ // Kinetics and Catalysis - Moscow. 1988. T.29. - №6. -C.1513-1517.

162. Agievsky D.A., Kvashonkin V.I., Zadko I.I. et al. Influência do teor de componentes Ni-Mo em catalisadores de hidrotratamento na sua atividade e interação com o transportador de alumina // Cinética e Catálise 1984. vol.25. vol.1. -C.178-185.

163. Agievsky D.A., Kvashonkin V.I. et al. Influência do nitrato de alumínio na estrutura porosa do suporte e na composição das fases dos catalisadores de aluminoníquel-molibdénio // Kinetics and Catalysis 1984. vol. 25. vol. 4. - C.928-933.

164. Lurie MA, Kurtz I.Z., Storozheva L.N. et al. Hidrotratamento de matérias-primas de óleos pesados em catalisadores com diferentes estruturas porosas // KK. 1991. V.32. vol. 6.- P.1399-1405.

165. Fouad K., Malika B., Mathieu D., Pierre A.. Controlo das propriedades texturais da boehmite nanocristalina (γ-AlOOH) relativamente à sua capacidade de peptização // Powder Technology, 2013,-#237. - P. 602-609.

166. Deutschmann O., Knozinger H., Kochloefl K., Turek T. Catálise Heterogénea e Catalisadores Sólidos // 2009.-P. 110.

167. Ismagilov Z.R., Shkrabina R.A., Koryabkina N.A. Portadores de óxido de alumina: produção, propriedades e aplicação em processos catalíticos de proteção ambiental // Novosibirsk 1998. - C. 82.

168. Smolikov, M.D.; Belyi, A.S.; Udras, I.E.; Kiryanov, D.I. Conceção da distribuição de componentes activos sobre poros em catalisadores de processos hidrocatalíticos de refinação de petróleo (em russo) // Russian Chemical Journal of D.I.Mendeleev Society. 2007, vol. LI, No. 4. -C. 48-56.

169. Li D.-Y., Lin Y.-S., Li Y.-C., Shieh D.-L., & Lin J.-L. Síntese de pseudoboehmite mesoporosa e alumina modelada com cloreto de 1-hexadecil-2,3-dimetil-imidazólio // Materiais microporosos e mesoporosos, 2008, -#108. - P. 276-282.

170. Huang B., Bartholomew C. H., Smith S. J., Woodfield, B. F. Síntese fácil e deficiente em solvente de γ-alumina mesoporosa com estruturas de poros controladas // Materiais microporosos e mesoporosos, 2013.- # 165.-P. 70-78.

171. Kim Y., Kim C., Kim P., Yi J. Efeito das condições de preparação na transformação de fase da alumina mesoporosa // Journal of Non - Crystalline Solids, 2005. - № 351.- P. 550 - 556.

172. Huirache-Acuna R., T.A. Zepeda E.M. Rivera-Munoz R. Nava C.V. Loricera B. Pawelec. Caracterização e desempenho HDS de catalisadores de sulfeto CoMoW suportados em substratos mesoporosos Al-SBA-16 // Fuel. 2014. Página inicial da revista: www. Elsevier. Com/locate/fuel. - P. 1-14.

173. X. Li, Han D., Xu Y., Liu X., Yan Z. γ-Al2O3 mesoporoso bimodal: Um suporte promissor para o catalisador baseado em CoMo na hidrodessulfurização de 4,6-DMDBT // Materials Letters. - 2011. - V.65. - P.1765-1767.

174. Catalisador, método da sua preparação e processo de hidrodesserização de fracções de gasóleo. Yashnik S.A.,

Ismailov Z.R., Surovtsev T.A., Noskov A.S., Bukhtiyarova G.A. // Patente RU № 2314154. - 10.01.2008г. Bul. No. 1.
175. Método de preparação de catalisadores de alumínio-cobalto-molibdénio ou alumínio-níquel-molibdénio contendo fósforo para o hidrotratamento de matérias-primas de hidrocarbonetos Vishnitsky A.B., Levchenko A. L., Fedorov V.I., Morokhovsky B.K., Wildt N.G., Pavlova T.V., Bayrak N.I., Mokray V., Manusova L. // Patente RU № 2107546. - 27.03.1998г.
176. Método de preparação de catalisador para hidrotratamento de produtos petrolíferos. Shebanov S.M., Shipkov N.N., Strelkov V.A.//Pat. RU №2100079. - 27.12.1997г.
177. Um catalisador, um método para a sua preparação, um método para obter um suporte para este catalisador e um processo de hidrodesserinação de fracções de diesel. Yashnik S.A., Ismailov Z.R., Surovtsev T.A., Noskov A.S., Bukhtiyarova G.A. // Patente RU № 2313389. - 27.12.2007г. Boletim No. 36.
178. Catalisador, método da sua preparação e método de refinação de destilados de gasóleo. Bukhtiyarova G.A., Nuzhdin A.L., Aleshina G.I., Noskov A.S. // Patente RU № 2468864 -10.12.2012g. Boletim No. 34.
179. Catalisador de hidrotratamento para hidrotratamento de matérias-primas de hidrocarbonetos, suporte para catalisador de hidrotratamento, método de preparação do suporte, método de preparação do catalisador e método de hidrotratamento de matérias-primas de hidrocarbonetos. Klimov O.V., Koryakina G.I., Leonova K.A., Budukva S.V., Pereyma V.Yu., Dick P.P., Noskov A.S., Parakhin O.A. // Patente RU №2478428 - 10.04.2013. Boletim No. 10

180. Catalisador para hidrotratamento profundo de frações de petróleo, método de sua preparação. Pimerzin AA, Tomina NN, Maximov NM, Solmanov PS // Patente RU № 2497586.- 10.11.2013.
181. Pashigreva A.V., Bukhtiyarova G.A., Klimov O.V., Litvak G.S., Noskov A.S. Efeito das condições de tratamento térmico na atividade do catalisador para hidrotratamento profundo de frações de diesel $CoMo/Al_2O_3$ // Cinética e Catálise, 2008. vol. 49, -№ 6, -C. 855-864.
182. Um catalisador, um método de preparação de um suporte, um método de preparação de um catalisador e um método de hidrotratamento de matérias-primas de hidrocarbonetos. Klimov O. V., Koryakina G.I., Budukva S. V., Leonova K.A., Pereyma V.Y., Dik P.P., Noskov A.S., Parakhin O. A. // Patente RU. - 20.01.2013. Boletim No. 2.
183. Método de preparação do catalisador para o hidrotratamento de fracções petrolíferas. Aliev R.R., Porublev M.A., Zelentsov Y.N., Tselutina M.I., Yaskin V.P., Elshin A.I., Osokina N.A. Patente RU 2084285 - 20.07.1997.
184. Catalisador para hidrotratamento de matérias-primas petrolíferas e método da sua preparação. Vyazkov V.A., Levin O.V., Vlasov V.G., Loginova A.N., Tomina N.N., Sharikhina M.A., Shafransky E.L., Lyadin N.M., Borisov V.P., Oltyrev A.G. Patente RU 2137541 - 20.09.1999.
185. Chen W., Maugé F., van Gestel J., Nie H., Li D., Long X. Efeito da modificação da acidez da alumina nas propriedades dos catalisadores de sulfureto de Mo e CoMo suportados // Journal of Catalysis. -2013. -V.304. -P.47-62.
186. Rashidi F., Sasaki T., Rashidi A.M., Kharat A.N., Jozani K.J.. Hidrodessulfurização ultra profunda de combustíveis diesel utilizando catalisadores suportados em

nanoalumina altamente eficientes: Impacto do suporte, fósforo e/ou boro na estrutura e atividade catalítica // Journal of Catalysis. -2013. -V.299. -P.321-335.

187. Ferdous D., Dalai A.K., Adjaye J. Uma série de catalisadores NiMo/Al_2O_3contendo boro e fósforo. Parte II. Hidrodenitrogenação e hidrodessulfurização utilizando gasóleo pesado derivado do betume de Athabasca // Applied Catalysis A: General, 2004. -V.260. -P.153-162.

188. Tomina N.N., Pimerzin A.A., Moiseev I. K. Catalisadores de sulfeto para hidrotratamento de frações de óleo // Ros Khim. zh. (Zh. Ros. Khim. obs. nomeado após D.I. Mendeleev), 2008, vol. III, - No. 4. - C. 41-52.

189. Topsøe H., Clausen B.S.. Importância das estruturas do tipo Co-Mo-S na hidrodessulfurização // Catal. Rev.-Sci. Eng. 1984.-№26 (3-4), -P. 395-420.

190. Clausen B.S., Lengeler B., Topsøe H.. Estudos de espetroscopia de absorção de raios X de catalisadores de hidrogenodessulfurização Mo-Al_2O_3 e Co-Mo- Al_2O_3 calcinados // Polyhedron1986. -№5(1-2) -P.199-202.

191. Eisbouts S. Sobre a flexibilidade da fase ativa em catalisadores de hidrotratamento // Appl. Catal., 1997. -V.158. -P.53-92.

192. Cattenot M., Geantet, C., Glasson C., M. Breysse. Efeito promotor do ruténio nos catalisadores de hidrotratamento NiMo/Al2O3 // Appl. Catal., 2001. -V.213. - P. 217-224.

193. Topsøe H. O papel das estruturas do tipo Co-Mo-S nos catalisadores de hidrotratamento // Appl. Catal.,2007. -V.322. - P.3-8.

194. Brorson M., Carlsson A., Topsøe H. A morfologia dos nanoclusters de MoS2, WS2, Co-Mo-S, Ni-Mo-S e Ni-W-S em catalisadores de hidrodessulfurização revelada por HAADF-STEM // Catal. Today.,2007. -V.123. -P.31-36.

195. Besenbacher F., Brorson M., Clausen B.S., Helveg S., Hinnemann B., Kibsgaard J., Lauritsen J.V., Moses P.G., Norskov J.K., Topsoe H. Estudos recentes de STM, DFT e HAADF-STEM de catalisadores de hidrotratamento à base de sulfureto: visão dos efeitos mecanísticos, estruturais e de tamanho de partícula // Catal. Today., 2008. -V.130. - P.86-96.

196. Kibsgaard J., Tuxen A., Knudsen K. G., Brorson M., Topsoe H., Laegsgaard E., Lauritsen J.V., Besenbacher F. Análise comparativa à escala atómica dos efeitos promocionais dos metais de transição 3d tardia nos catalisadores de hidrotratamento MoS_2 // J. Catal. Catal., 2010. - V. 272. - P. 195-203.

197. Lauritsen J.V., Bollinger M.V., Lægsgaard E., Jacobsen K.W., Norskov J.K., Clausen B.S., Topsoe H., Besenbacher F. Atomic-scale insight into structure and morphology changes of MoS_2 nanoclusters in hydrotreating catalysts // J. Catal. Catal., 2004. -V.221. -P.510-522.

198. Kogan V.M., Parfenova N.M., Gaziev R.G. et al. Estudo radioisotópico in situ de centros ativos de catalisadores de sulfeto Co-Mo e mecanismo de hidrodessulfurização de tiofeno // Cinética e Catálise, 2003. T. 44. -№ 4,.- C.638-656.

199. Tuxen A., Gøbel H., Hinnemann B., Li Z., Knudsen K.G, Topsoe H., Lauritsen J.V., Besenbacher F. Uma investigação à escala atómica do carbono em catalisadores de hidrotratamento MoS_2 sulfureto por compostos organosulfurados // Journal of Catalysis, 2011. -V.281. -P.345-351.

200. Liu B., Chai Y., Li Y., Wang A., Liu Y., Liu C. Efeito da atmosfera de sulfatação no desempenho dos catalisadores CoMo/γ-Al_2O_3 na hidrodessulfurização da gasolina FCC // Applied Catalysis A: General. 2014. -V.471. -P.70-79
201. Pashigreva A.V., Bukhtiyarova G.A., Kashkin V.N., Ivanova A.S., Kulko E.V., Noskov A.S., Atividade dos catalisadores Co-Mo na transformação de compostos individuais contendo enxofre // Proc. do XIII Congresso Mendeleev de Química Geral e Aplicada, 23-28 de setembro de 2007. Moscovo, 2007. -T. 3. -C. 419.
202. Mashkina A.V., Sakhaltueva L.G. Gas-phase hydrogenation of thiophene into tetrahydrothiophene in the presence of sulfide catalysts // Kinetics and Catalysis. 2002. T.43. -№1. -C.116-124.
203. Mohammed A.N. Hydrodesulfurisation of thiophene over CoMo/Al_2O_3 catalyst using fixed- and fluidized-bed reactors // Journal of Engineering. fevereiro 2011 - No. 1 V. 17. -P.92-102.
204. Ghanbari K.*, Mohammadi M. e Tajerian M.. The effect of mass transfer resistance on the kinetics of thiophene hydrodesulfurisation// Petroleum & Coal 2006.-#48 (2). - P.33-36.
205. Hamid A. Al-Megren* Hidrodessulfurização de tiofeno sobre catalisadores bimetálicos de sulfureto de ni-molibdénio preparados por diferentes métodos // The Arabian Journal for Science and Engineering, janeiro de 2009.- V.34.- N.º 1A. - P. 55-66.
206. Nino R., Masahiro Y., Takeshi K. e Yasuaki O. Atividade de Hidrodessulfurização de Catalisadores Co-Mo/Al_2O_3 // Preparados com Ácido Cítrico: Pós-tratamento

de Catalisadores Calcinados com Elevada Carga de Mo Journal, 2010.-No. 53, (5). -P. 292-302 .

207. Leonidas E. Kallinikos A, Andreas J., Nikos G. Estudo cinético e efeito do H_2S na dessulfuração de DBTs refractários num gasóleo pesado // Journal of Catalysis, 2010.-# 269. -P. 169-178.

208. Muhammada Y., Yingzhou Lu, Chong Sh., Chunxi Li. Hidrodessulfurização de dibenzotiofeno sobre catalisadores à base de alumina promovidos por Ru utilizando hidrogénio gerado in situ // Conversão e gestão de energia, 2011.No.52-P.1364-1370.

209. Malailak N., Sirisuk A. Hydrodesulfurisation of dibenzothiophene over como catalysts on Al_2O_3-tio2 mixed oxide supports // Pure and applied chemistry international conference, 2012.-P. 417-420.

210. Isayeva N.F., Mirzaeva E.I., Paisiev J., Nasullaev H., Abdurakhimov M.U. Efeito do método de preparação nas caraterísticas porosas dos transportadores de forecontactos e catalisadores para o hidrotratamento de óleos // Problemas reais de purificação de petróleo e gás a partir de impurezas por vários métodos físicos e químicos: Actas da Conferência Científica e Técnica Republicana, 20-21 de maio de 2011. - Karshi, 2011. - C. 74-75.

211. Gulyamov Sh.T., Egamberdiev A., Yakhyaeva R., Isayeva N.F. Síntese de suportes para catalisadores de hidrotratamento de destilados de petróleo // //.

Umidli kimyogarlar - 2010: Actas da Conferência Científica e Técnica de Jovens Cientistas: doutorandos, pós-graduandos, investigadores e estudantes de graduação e pós-graduação. 6-9 de abril de 2010. - Tashkent, 2010. VOL.1 - P.122-123.

212. Isayeva N.F., Jalalova Sh.B. Tecnologia de preparação de transportadores à base de hidróxido de alumínio de diferentes prazos de validade // Uzbek Journal of Oil and Gas, Tashkent, 2012. - №1, -C.27-30.
213. Yunusov M.P., Molodozhenyuk T.B., Ergashev M.M. et al. Investigação de um sistema de camada protetora para hidrotratamento de destilados de petróleo de óleos do Uzbequistão // Indústria Química, São Petersburgo. 2007. - №2. - C. 55-61.
214. Dmitrieva N.N., Gashenko G.A., Isayeva N.F. Synthesis and properties of zeolite-containing carriers for oil hydrotreating catalysts // Oil and gas sanoati kimoviy tekhnologilarinini dolzarb muammolari: Uzbekiston republican oliy v orta makhsus tahsulim vazirligi mikyosidagi ilmiy-amaliy conference. 24-25 de abril de 2009. - Karshi, 2009. - C. 83.
215. Gashenko GA, Isaeva NF, Nasullaev HA, Lavoshnikov VV, Jalalova SB, Molodozhenyuk TB, Yunusov MP Obtenção de formas de permuta catiónica de produtos de zeolitização de caulinos Angren para modificação de transportadores e catalisadores // Journal of Chemical Industry, São Petersburgo, 2011. - № 5. - C. 223-231.
216. Jalalova S.B., Nasullaev H., Gulomov Sh., Isayeva N.F., Teshabaev Z.A., Saidullaev B.T. Propriedades dos transportadores para a camada protetora do catalisador de contacto utilizando a produção de resíduos e matérias-primas minerais locais // Problemas reais de purificação de petróleo e gás de impurezas por vários métodos físicos e químicos: Actas da Conferência Científica e Técnica Republicana. 20-21 de maio de 2011. - Karshi, 2011. - C. 70-72.

217. Yunusov MP, Jalalova S.B., Nasullaev H.A., Gulyamov Sh.T, Mirzaeva E.I., Isaeva N.F., Molodozhenyuk T.B. Efeito do método de aplicação de componentes ativos na distribuição de metais hidratantes em catalisadores de hidrotratamento // Indústria Química, 2013.- Vol.90.- No.3. -C.141- 150.
218. Yunusov M.P., Saidaxmedov Sh.M., Djalalova Sh.B., Nasullaev Kh.A., Gulyamov Sh.T., Isaeva N.F., Mirzaeva E.I. Síntese e investigação de catalisadores Co - Ni-Mo de hidroprocessamento de fracções petrolíferas // Catalysis for sustainable energy. Polónia. 2015.-№ 2. -P. 43-56.
219. Ergashev M.M. Desenvolvimento de catalisador de camada especial para unidade de hidrotratamento de petróleo e organização da sua produção: Cand.Sci. - Tashkent: UzKFITI, 2008. - 118c.
220. Yunusov M.P., Isayeva N.F., Teshabaev Z.A., Musayeva G.H., Abdurakhimov M.U., Balaev V. Sistemas de catalisadores multicamadas, uma das formas de melhorar a eficiência da produção de petróleo // Problemas reais de purificação de petróleo e gás de impurezas por vários métodos físicos e químicos: Actas da Conferência Científica e Técnica Republicana. 20-21 de maio de 2011. - Karshi, 2011. - C. 65-67.
221. Isayeva N.F., Jalalova Sh.B., Teshabaev Z.A., Yunusov M.P. Síntese de amostras de transportadores de catalisadores de hidrotratamento de petróleo utilizando aditivo mineral local // Atual problems of oil and gas processing in Uzbekistan: Proceedings of the Republican Scientific and Technical Conference. 7-8 de outubro de 2009. - Bukhara, 2009. - C. 195-197

222. Yunusov MP, Jalalova Sh.B., Molodozhenyuk T.B., IsaevaN.F., Mirzaeva E.I., Gulomov Sh.T., Mahkamov H.M., Bahramov R., Nasullaev H.A. Catalisador para hidrotratamento de frações de óleo e método de preparação // / / Agência de Propriedade Intelectual da República do Uzbequistão, №IAP № 05423. - 01.06.2017г.
223. Kuzmicheva E.L., Mahkamov H.M., Molodozhenyuk T.B. Efeito dos aditivos modificadores na superfície e nas propriedades catalíticas dos catalisadores de platina e paládio // Indústria Química, 2001, - № 11, - P.10-16.
224. Yunusov M.P., Djalalova Sh.B., Isaeva N.F., Molodojenyuk T.B., Teshabaev Z.A. Working out of Catalyst Systems for Hydrodesulphurisation of Oil Fractions in Uzbekistan // Catalysis in solving problems of petrochemistry and oil refining: Proceedings of Azerbaijan-Russian Symposium. 28-30 de setembro de 2010. - Baku 2010. - C. 71-72.
225. Nasullaev H.A., Egamberdiev AP, Faiziev J.B., Isayeva N.F. Estudo das propriedades ácido-base na síntese de suportes de alumina // Bulletin of NUUz. - Tashkent, 2010. - № 4. - C. 107-109.
226. Isayeva N.F., Nasullaev H.A., Usmanov R.M., Khudojberdiyeva U., Abdurakhimov M.U. Síntese de transportadores para catalisadores de hidroprocessos // Bulletin of NUUz. - Tashkent, 2012. - № 3/1. - C. 136-139.
227. Jalalova Sh.B., H.A. Nasullaev, Isaeva N.F., Gulomov Sh.T., M.P. Yunusov. Gênese de centros redox na superfície de catalisadores de hidroprocessos durante a preparação e ativação // Indústria Química, 2015. -T.92.-№2. -C. 94-97
228. Método de preparação do catalisador para o hidrotratamento de fracções petrolíferas Yolshin A.I., Aliev

A.I., Porublev M.A., Osokina N.A., Tselutina M.I. Kuks I.V. // Pat. RF., № 2206396 -20.06.2003.

229. Lulic P. Influência da catálise na otimização da refinação comercial // Erdol Erdgas Kohle, 2001. -№117. N 12. -P. 583-585.

230. Alexandrov P.V., Kashkin V.N., Bukhtiyarova GA, Nuzhdin AL, Pashigreva AV, Klimov OV, Noskov AS Estudo comparativo dos catalisadores NiMo/Al_2O_3 e CoMo/Al_2O_3 de uma nova geração nas reacções de hidrodessulfurização e hidrodeazotização do gasóleo de vácuo // Oil refining and petrochemistry 2010. Novosibirsk № 9 - P.3-9.

231. Patrie W., Turner W.J.. Zeuthen. Novo catalisador trimetálico melhora o FCCU // Oil and Gas Journal, 2001.- #99. N 23.- P.56-60.

232. Gaya U.I, Jibril B.Y., Al-Wehaibi Y.M., Al-Hajri R.S. e Naser J.T. Abertura de anel de decalina sobre catalisadores Ni-Co-Mo suportados por zeólito // Conferência Internacional sobre Meio Ambiente, Química e Biologia IPCBEE 2012. -Vol.49.-P.139-143.

233. Arul D., Arash E., Kenneth S. Sonochemical Preparation of Supported Hydrodesulfurisation Catalysts (Preparação sonoquímica de catalisadores de hidrodessulfurização com suporte). //J. Am. Chem. Soc. 2001, -№123. -P.8310-8316

234. Isayeva N.F. Estudo dos precursores de óxidos de estruturas activas em AI-Ni-Mo, Al-Co-Mo e Al-Co-Ni-Mo // Uzbek Chemical Journal. 2011, edição especial. - C. 126-128.

235. Isayeva N.F., Amanov N.G., Molodozhenyuk T.B., Yunusov M.P. "Estudo da influência das condições de preparação de catalisadores do tipo crosta na espessura da crosta" // Tecnologias de processamento de matérias-primas e produtos locais: Actas da Conferência Técnico-Científica Republicana - Tashkent, 2009. - C. 110-111

236. Isayeva N.F., Yunusov M.P. Desenvolvimento de um catalisador eficaz para a hidrodesidratação de óleos. Actas da conferência científica e técnica republicana. "Problemas actuais das tecnologias inovadoras das indústrias química, petrolífera e do gás e alimentar" // Kungrad - 2010, 28-29 de outubro, - P.12-13.

237. Isayeva N.F., Estudo termográfico da síntese de catalisadores trimetálicos para o hidrotratamento de óleos // Actas da conferência científica e técnica. Problemas actuais das tecnologias inovadoras das indústrias química, petrolífera, de gás e alimentar. Tashkent. 22 de novembro de 2012.-C. 122-123.

238. Yunusov MP, Jalalova Sh.B, Nasullaev H.A , Isaeva N.F., Mirzaeva E.I., Saidakhmedov S.M. Efeito da modificação por iões Zn^{2+} nas propriedades catalíticas dos catalisadores de hidrotratamento e hidrodesaromatização // Uzbek Journal of Oil and Gas. 2014, -№4. -C. 41-44.

239. Isaeva N.F. A síntese inovadora de catalisadores trimetálicos para o hidrotratamento do petróleo // Inovação para a sustentabilidade - harmonizar a ciência, a tecnologia e o desenvolvimento económico com o ambiente humano e natural. "Actas do simpósio uzbeque-japão sobre ecotecnologias". 14 de maio de 2016 - Tashkent.- C. 48-53.

240. Isayeva N.F. Effect of citric acid on the properties of catalysts hydrotreating oil fractions // Actas da Conferência Científica e Prática Republicana "Problemas actuais da ciência química e tecnologias inovadoras da sua formação". Tashkent 2016. 30-31 de março. - C.103-104.

241. Isaeva N. Composição de fase de portadores e catalisadores trimetálicos sintetizados com a participação de complexos de quelato de metais de transição // Anais da Conferência Científica e Técnica Republicana "Processamento de petróleo e gás, combustíveis alternativos" Tashkent-2016. -C.124-126.

242. Isayeva N.F. Desenvolvimento de um novo catalisador de hidrodessulfurização de fracções de óleo de petróleo // II Conferência Científica e Técnica Internacional "Desenvolvimentos inovadores no domínio da química e tecnologia de combustíveis e lubrificantes" // II Conferência Científica e Técnica Internacional "Inovações no domínio da química e tecnologia de combustíveis e lubrificantes" 19-20 de outubro de 2017. - Bukhara, 2017.-P. 188-190

243. Jalalova Sh.B., Isaeva N.F., Nasullaev H.A., Abdurakhimov M.U. Estudo dos processos que ocorrem durante a síntese do catalisador AKNM-3/5 no exemplo de sistemas modelo // Boletim de NUUz., 2012, - № 3/1. - C. 192-195.

244. Isayeva N.F., Yunusov M.P., Molodozhenyuk T.B., Toshtemirov B.V., Nasullaev H.A. Novo catalisador trimetálico aplicado para a hidrodesidratação de fracções de petróleo // Uzbek Journal of Oil and Gas, Tashkent -2011. -№2. -C. 39-40

245. Landau M.V., Alekseenko L.N., Vinogradova O.V., Mikhailov V.I., Nefedov B.K. Influência das condições de deposição e do tratamento térmico do molibdato de níquel na composição e estrutura do produto resultante // Kinetics and Catalysis, 1989, Vol. 30, vol. 4. - P.933-938.

246. Yunusov M.P., Molodozhenyuk T.B., Jalalova Sh.B., Isayeva N.F., Gulomov Sh., Nasullaev H., Mirzaeva E.N. Multilayer catalytic systems as one of the ways to increase efficiency of fuel and oil hydrofining // 21º Congresso Europeu de Catálise "20 anos de catálise europeia... e mais além" 1-6 de setembro de 2013 Lyon, França. 21º Congresso Europeu de Catálise "20 anos de Catálise Europeia... e mais além" 1-6 de setembro de 2013 Lyon, França.
247. Isayeva N.F., Yunusov M.P., Teshabaev Z.A. Efeito do método e das condições de formação do catalisador de cobalto-níquel-molibdénio para o hidrotratamento de óleos // ROSKATALIS: Actas do Congresso Russo de Catálise. 3-7 de outubro de 2011. Moscovo. - Novosibirsk, 2011. V.II. - C. 46.
248. Yunusov M.P. Jalalova S.B., Isayeva N.F., Mahkamov H.M. Problemas de síntese de suportes para catalisadores de hidrotratamento contendo titânio por estratificação molecular // Simpósio "Problemas modernos da nanocatálise" 24-28 de setembro de 2012. -Uzhgorod -2012. -C75-76.
249. Yunusov M.P., Jalalova Sh.B., Isayeva N.F., Desenvolvimento e implementação de catalisadores multicamadas caraterísticos de combustíveis e óleos // Conferência Internacional "processos catalíticos de refinação de petróleo, petroquímica e ecologia" 14-16 outubro, 2013. - Tashkent. Resumos Novosibirsk - 2013. - C. 11-12.
250. Yunusov M.P., Isayeva N.F., Amanov N.G., Molodozhenyuk T.B. Síntese e propriedades de elementos de sistemas catalíticos multicamadas para reactores de hidrotratamento // Simpósio Eurasiático sobre Inovações em

Catálise e Eletroquímica: 26-28 de maio de 2010. - Almaty, 2010. 40.
251. Yunusov MP, Jalalova Sh.B., Mirzaeva E.I., Gulomov Sh.T., Nasullaev H.A. Isaeva N.F., Yunusov Análise da experiência na operação industrial de sistemas catalíticos multicamadas // "Rosscatalysis 2014" II Congresso Russo de Catálise. Coletânea de resumos. 2 vol. 2-5 de outubro de 2014. Samara. -Novosibirsk, 2014. C.314.

MIX
Papier aus verantwortungsvollen Quellen
Paper from responsible sources
FSC® C105338

Printed by Books on Demand GmbH, Norderstedt / Germany